# 한솔 완벽한 연산

수학은 마라톤입니다.
지금 여러분은 출발 지점에 서 있습니다.
초등학교 저학년 때는
수학 마라톤을 잘 하기 위해
기초 체력을 튼튼히 길러야 합니다.

**한솔 완벽한 연산**으로 시작하세요.
마라톤을 잘 뛸 수 있는 완벽한 연산 실력을 키워줍니다.

한솔스쿨

### ? 왜 완벽한 연산인가요?

기초 연산은 물론, 학교 연산까지 이 책 시리즈 하나면 완벽하게 끝나기 때문입니다. '한솔 완벽한 연산'은 하루 8쪽씩, 5일 동안 4주분을 학습하고, 마지막 주에는 학교 시험에 완벽하게 대비할 수 있도록 '연산 UP' 16쪽을 추가로 제공합니다.
매일 꾸준한 연습으로 연산 실력을 키우기에 충분한 학습량입니다.
'한솔 완벽한 연산' 하나면 기초 연산도 학교 연산도 완벽하게 대비할 수 있습니다.

### ? 몇 단계로 구성되고, 몇 학년이 풀 수 있나요?

모두 6단계로 구성되어 있습니다.
'한솔 완벽한 연산'은 한 단계가 1개 학년이 아닙니다. 연산의 기초 훈련이 가장 필요한 시기인 초등 2~3학년에 집중하여 여러 단계로 구성하였습니다.
이 시기에는 수학의 기초 체력을 튼튼히 길러야 하니까요.

| 단계 | 권장 학년 | 학습 내용 |
|------|-----------|-----------|
| MA | 6~7세 | 100까지의 수, 더하기와 빼기 |
| MB | 초등 1~2학년 | 한 자리 수의 덧셈, 두 자리 수의 덧셈 |
| MC | 초등 1~2학년 | 두 자리 수의 덧셈과 뺄셈 |
| MD | 초등 2~3학년 | 두·세 자리 수의 덧셈과 뺄셈 |
| ME | 초등 2~3학년 | 곱셈구구, (두·세 자리 수)×(한 자리 수), (두·세 자리 수)÷(한 자리 수) |
| MF | 초등 3~4학년 | (두·세 자리 수)×(두 자리 수), (두·세 자리 수)÷(두 자리 수), 분수·소수의 덧셈과 뺄셈 |

**책 한 권은 어떻게 구성되어 있나요?**

책 한 권은 모두 4주 학습으로 구성되어 있습니다.
한 주는 모두 40쪽으로 하루에 8쪽씩, 5일 동안 푸는 것을 권장합니다.
마지막 5주차에는 학교 시험에 대비할 수 있는 '연산 UP'을 학습합니다.

**'한솔 완벽한 연산'도 매일매일 풀어야 하나요?**

물론입니다. 매일매일 규칙적으로 연습을 해야 연산 능력이 향상되기 때문입니다.
월요일부터 금요일까지 매일 8쪽씩, 4주 동안 규칙적으로 풀고, 마지막 주에
'연산 UP' 16쪽을 다 풀면 한 권 학습이 끝납니다.
매일매일 푸는 습관이 잡히면 개인 진도에 따라 두 달에 3권을 푸는 것도 가능
합니다.

**하루 8쪽씩이라구요? 너무 많은 양 아닌가요?**

'한솔 완벽한 연산'은 술술 풀면서 잘 넘어가는 학습지입니다.
공부하는 학생 입장에서는 빡빡한 문제를 4쪽 푸는 것보다 술술 넘어가는 문제를
8쪽 푸는 것이 훨씬 큰 성취감을 느낄 수 있습니다.
'한솔 완벽한 연산'은 학생의 연령을 고려해 쪽당 학습량을 전략적으로 구성했습니
다. 그래서 학생이 부담을 덜 느끼면서 효과적으로 학습할 수 있습니다.

## 학교 진도와 맞추려면 어떻게 공부해야 하나요?

 이 책은 한 권을 한 달 동안 푸는 것을 권장합니다.
각 단계별 학교 진도는 다음과 같습니다.

| 단계 | MA | MB | MC | MD | ME | MF |
|---|---|---|---|---|---|---|
| 권 수 | 8권 | 5권 | 7권 | 7권 | 7권 | 7권 |
| 학교 진도 | 초등 이전 | 초등 1학년 | 초등 2학년 | 초등 3학년 | 초등 3학년 | 초등 4학년 |

초등학교 1학년이 3월에 MB 단계부터 매달 1권씩 꾸준히 푼다고 한다면 2학년이 시작될 때 MD 단계를 풀게 되고, 3학년 때 MF 단계(4학년 과정)까지 마무리할 수 있습니다.

이 책 시리즈로 꼼꼼히 학습하게 되면 일반 방문학습지 못지 않게 충분한 연산 실력을 쌓게 되고 조금씩 다음 학년 진도까지 학습할 수 있다는 장점이 있습니다.

매일 꾸준히 성실하게 학습한다면 학년 구분 없이 원하는 진도를 스스로 계획하고 진행해 나갈 수 있습니다.

## '연산 UP'은 어떻게 공부해야 하나요?

 '연산 UP'은 4주 동안 훈련한 연산 능력을 확인하는 과정이자 학교에서 흔히 접하는 계산 유형 문제까지 접할 수 있는 코너입니다.
'연산 UP'의 구성은 다음과 같습니다.

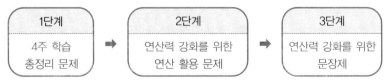

| 1단계 | 2단계 | 3단계 |
|---|---|---|
| 4주 학습 총정리 문제 | 연산력 강화를 위한 연산 활용 문제 | 연산력 강화를 위한 문장제 |

'연산 UP'은 모두 16쪽으로 구성되었으므로 하루 8쪽씩 2일 동안 학습하고, 다음 단계로 진행할 것을 권장합니다.

**MA** 6~7세

| 권 | 제목 | 주차별 학습 내용 | |
|---|---|---|---|
| 1 | 20까지의 수 1 | 1주 | 5까지의 수 (1) |
| | | 2주 | 5까지의 수 (2) |
| | | 3주 | 5까지의 수 (3) |
| | | 4주 | 10까지의 수 |
| 2 | 20까지의 수 2 | 1주 | 10까지의 수 (1) |
| | | 2주 | 10까지의 수 (2) |
| | | 3주 | 20까지의 수 (1) |
| | | 4주 | 20까지의 수 (2) |
| 3 | 20까지의 수 3 | 1주 | 20까지의 수 (1) |
| | | 2주 | 20까지의 수 (2) |
| | | 3주 | 20까지의 수 (3) |
| | | 4주 | 20까지의 수 (4) |
| 4 | 50까지의 수 | 1주 | 50까지의 수 (1) |
| | | 2주 | 50까지의 수 (2) |
| | | 3주 | 50까지의 수 (3) |
| | | 4주 | 50까지의 수 (4) |
| 5 | 1000까지의 수 | 1주 | 100까지의 수 (1) |
| | | 2주 | 100까지의 수 (2) |
| | | 3주 | 100까지의 수 (3) |
| | | 4주 | 1000까지의 수 |
| 6 | 수 가르기와 모으기 | 1주 | 수 가르기 (1) |
| | | 2주 | 수 가르기 (2) |
| | | 3주 | 수 모으기 (1) |
| | | 4주 | 수 모으기 (2) |
| 7 | 덧셈의 기초 | 1주 | 상황 속 덧셈 |
| | | 2주 | 더하기 1 |
| | | 3주 | 더하기 2 |
| | | 4주 | 더하기 3 |
| 8 | 뺄셈의 기초 | 1주 | 상황 속 뺄셈 |
| | | 2주 | 빼기 1 |
| | | 3주 | 빼기 2 |
| | | 4주 | 빼기 3 |

 **MB** 초등 1·2학년 ①

| 권 | 제목 | 주차별 학습 내용 | |
|---|---|---|---|
| 1 | 덧셈 1 | 1주 | 받아올림이 없는 (한 자리 수)+(한 자리 수) (1) |
| | | 2주 | 받아올림이 없는 (한 자리 수)+(한 자리 수) (2) |
| | | 3주 | 받아올림이 없는 (한 자리 수)+(한 자리 수) (3) |
| | | 4주 | 받아올림이 없는 (두 자리 수)+(한 자리 수) |
| 2 | 덧셈 2 | 1주 | 받아올림이 없는 (두 자리 수)+(한 자리 수) |
| | | 2주 | 받아올림이 있는 (한 자리 수)+(한 자리 수) (1) |
| | | 3주 | 받아올림이 있는 (한 자리 수)+(한 자리 수) (2) |
| | | 4주 | 받아올림이 있는 (한 자리 수)+(한 자리 수) (3) |
| 3 | 뺄셈 1 | 1주 | (한 자리 수)−(한 자리 수) (1) |
| | | 2주 | (한 자리 수)−(한 자리 수) (2) |
| | | 3주 | (한 자리 수)−(한 자리 수) (3) |
| | | 4주 | 받아내림이 없는 (두 자리 수)−(한 자리 수) |
| 4 | 뺄셈 2 | 1주 | 받아내림이 없는 (두 자리 수)−(한 자리 수) |
| | | 2주 | 받아내림이 있는 (두 자리 수)−(한 자리 수) (1) |
| | | 3주 | 받아내림이 있는 (두 자리 수)−(한 자리 수) (2) |
| | | 4주 | 받아내림이 있는 (두 자리 수)−(한 자리 수) (3) |
| 5 | 덧셈과 뺄셈의 완성 | 1주 | (한 자리 수)+(한 자리 수), (한 자리 수)−(한 자리 수) |
| | | 2주 | 세 수의 덧셈, 세 수의 뺄셈 (1) |
| | | 3주 | (두 자리 수)+(한 자리 수), (두 자리 수)−(한 자리 수) |
| | | 4주 | 세 수의 덧셈, 세 수의 뺄셈 (2) |

# MC 초등 1·2학년 ②

| 권 | 제목 | 주차별 학습 내용 |  |
|---|---|---|---|
| 1 | 두 자리 수의 덧셈 1 | 1주 | 받아올림이 없는 (두 자리 수)+(한 자리 수) |
| | | 2주 | 몇십 만들기 |
| | | 3주 | 받아올림이 있는 (두 자리 수)+(한 자리 수) (1) |
| | | 4주 | 받아올림이 있는 (두 자리 수)+(한 자리 수) (2) |
| 2 | 두 자리 수의 덧셈 2 | 1주 | 받아올림이 없는 (두 자리 수)+(두 자리 수) (1) |
| | | 2주 | 받아올림이 없는 (두 자리 수)+(두 자리 수) (2) |
| | | 3주 | 받아올림이 없는 (두 자리 수)+(두 자리 수) (3) |
| | | 4주 | 받아올림이 없는 (두 자리 수)+(두 자리 수) (4) |
| 3 | 두 자리 수의 덧셈 3 | 1주 | 받아올림이 있는 (두 자리 수)+(두 자리 수) (1) |
| | | 2주 | 받아올림이 있는 (두 자리 수)+(두 자리 수) (2) |
| | | 3주 | 받아올림이 있는 (두 자리 수)+(두 자리 수) (3) |
| | | 4주 | 받아올림이 있는 (두 자리 수)+(두 자리 수) (4) |
| 4 | 두 자리 수의 뺄셈 1 | 1주 | 받아내림이 없는 (두 자리 수)-(한 자리 수) |
| | | 2주 | 몇십에서 빼기 |
| | | 3주 | 받아내림이 있는 (두 자리 수)-(한 자리 수) (1) |
| | | 4주 | 받아내림이 있는 (두 자리 수)-(한 자리 수) (2) |
| 5 | 두 자리 수의 뺄셈 2 | 1주 | 받아내림이 없는 (두 자리 수)-(두 자리 수) (1) |
| | | 2주 | 받아내림이 없는 (두 자리 수)-(두 자리 수) (2) |
| | | 3주 | 받아내림이 없는 (두 자리 수)-(두 자리 수) (3) |
| | | 4주 | 받아내림이 없는 (두 자리 수)-(두 자리 수) (4) |
| 6 | 두 자리 수의 뺄셈 3 | 1주 | 받아내림이 있는 (두 자리 수)-(두 자리 수) (1) |
| | | 2주 | 받아내림이 있는 (두 자리 수)-(두 자리 수) (2) |
| | | 3주 | 받아내림이 있는 (두 자리 수)-(두 자리 수) (3) |
| | | 4주 | 받아내림이 있는 (두 자리 수)-(두 자리 수) (4) |
| 7 | 덧셈과 뺄셈의 완성 | 1주 | 세 수의 덧셈 |
| | | 2주 | 세 수의 뺄셈 |
| | | 3주 | (두 자리 수)+(한 자리 수), (두 자리 수)+(한 자리 수) 종합 |
| | | 4주 | (두 자리 수)+(두 자리 수), (두 자리 수)-(두 자리 수) 종합 |

# MD 초등 2·3학년 ①

| 권 | 제목 | 주차별 학습 내용 |  |
|---|---|---|---|
| 1 | 두 자리 수의 덧셈 | 1주 | 받아올림이 있는 (두 자리 수)+(두 자리 수) (1) |
| | | 2주 | 받아올림이 있는 (두 자리 수)+(두 자리 수) (2) |
| | | 3주 | 받아올림이 있는 (두 자리 수)+(두 자리 수) (3) |
| | | 4주 | 받아올림이 있는 (두 자리 수)+(두 자리 수) (4) |
| 2 | 세 자리 수의 덧셈 1 | 1주 | 받아올림이 없는 (세 자리 수)+(두 자리 수) |
| | | 2주 | 받아올림이 있는 (세 자리 수)+(두 자리 수) (1) |
| | | 3주 | 받아올림이 있는 (세 자리 수)+(두 자리 수) (2) |
| | | 4주 | 받아올림이 있는 (세 자리 수)+(두 자리 수) (3) |
| 3 | 세 자리 수의 덧셈 2 | 1주 | 받아올림이 있는 (세 자리 수)+(세 자리 수) (1) |
| | | 2주 | 받아올림이 있는 (세 자리 수)+(세 자리 수) (2) |
| | | 3주 | 받아올림이 있는 (세 자리 수)+(세 자리 수) (3) |
| | | 4주 | 받아올림이 있는 (세 자리 수)+(세 자리 수) (4) |
| 4 | 두·세 자리 수의 뺄셈 | 1주 | 받아내림이 있는 (두 자리 수)-(두 자리 수) (1) |
| | | 2주 | 받아내림이 있는 (두 자리 수)-(두 자리 수) (2) |
| | | 3주 | 받아내림이 있는 (두 자리 수)-(두 자리 수) (3) |
| | | 4주 | 받아내림이 없는 (세 자리 수)-(두 자리 수) |
| 5 | 세 자리 수의 뺄셈 1 | 1주 | 받아내림이 있는 (세 자리 수)-(두 자리 수) (1) |
| | | 2주 | 받아내림이 있는 (세 자리 수)-(두 자리 수) (2) |
| | | 3주 | 받아내림이 있는 (세 자리 수)-(두 자리 수) (3) |
| | | 4주 | 받아내림이 있는 (세 자리 수)-(두 자리 수) (4) |
| 6 | 세 자리 수의 뺄셈 2 | 1주 | 받아내림이 있는 (세 자리 수)-(세 자리 수) (1) |
| | | 2주 | 받아내림이 있는 (세 자리 수)-(세 자리 수) (2) |
| | | 3주 | 받아내림이 있는 (세 자리 수)-(세 자리 수) (3) |
| | | 4주 | 받아내림이 있는 (세 자리 수)-(세 자리 수) (4) |
| 7 | 덧셈과 뺄셈의 완성 | 1주 | 덧셈의 완성 (1) |
| | | 2주 | 덧셈의 완성 (2) |
| | | 3주 | 뺄셈의 완성 (1) |
| | | 4주 | 뺄셈의 완성 (2) |

## ME 초등 2 · 3학년 ②

## MF 초등 3 · 4학년

## 주별 학습 내용 · MC단계 ❷권

MC단계 2권

# 받아올림이 없는
# (두 자리 수)+(두 자리 수) (1)

1주차

| 요일 | 교재 번호 | 학습한 날짜 | | 확인 |
|---|---|---|---|---|
| 1일차(월) | 01~08 | 월 | 일 | |
| 2일차(화) | 09~16 | 월 | 일 | |
| 3일차(수) | 17~24 | 월 | 일 | |
| 4일차(목) | 25~32 | 월 | 일 | |
| 5일차(금) | 33~40 | 월 | 일 | |

● 그림을 보고 덧셈을 하세요.

(1)

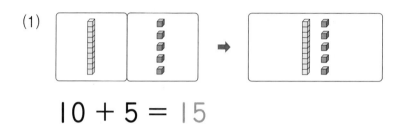

$$10 + 5 = 15$$

(2)

$$13 + 4 = 17$$

(3)

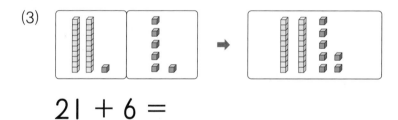

$$21 + 6 =$$

(4)

$$25 + 3 =$$

(5)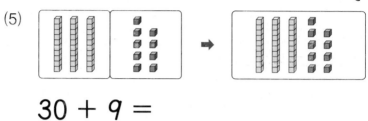

$$30 + 9 =$$

(6)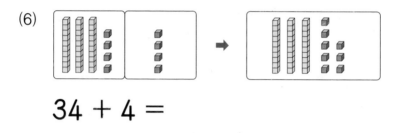

$$34 + 4 =$$

(7)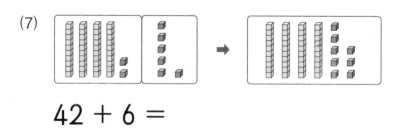

$$42 + 6 =$$

(8)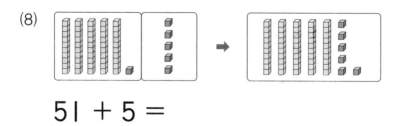

$$51 + 5 =$$

● 그림을 보고 덧셈을 하세요.

(1)
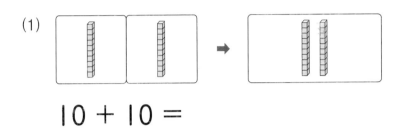

$10 + 10 =$

(2)
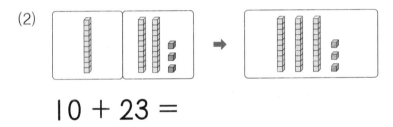

$10 + 23 =$

(3)
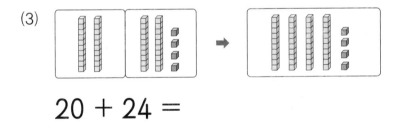

$20 + 24 =$

(4)
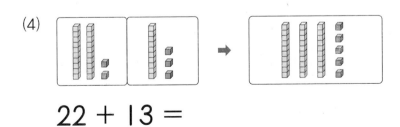

$22 + 13 =$

(5)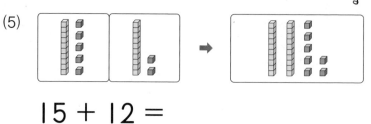

$$15 + 12 =$$

(6)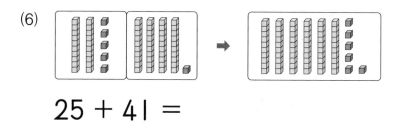

$$25 + 41 =$$

(7)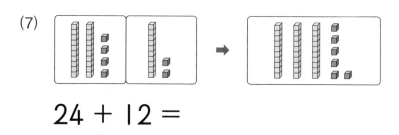

$$24 + 12 =$$

(8)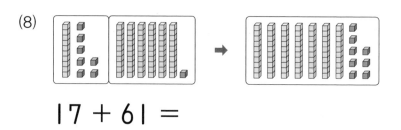

$$17 + 61 =$$

**MC01** 받아올림이 없는 (두 자리 수)+(두 자리 수) (1)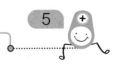

● 그림을 보고 덧셈을 하세요.

(1)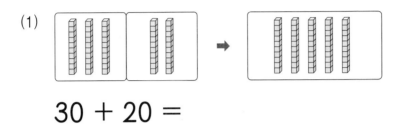

$$30 + 20 =$$

(2)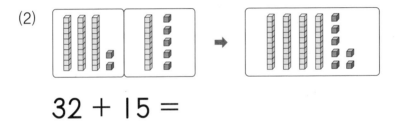

$$32 + 15 =$$

(3)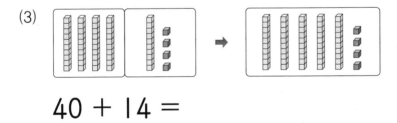

$$40 + 14 =$$

(4)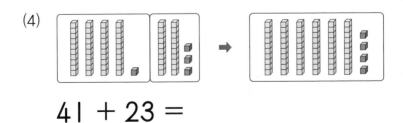

$$41 + 23 =$$

(5)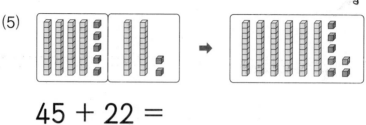

$$45 + 22 =$$

(6)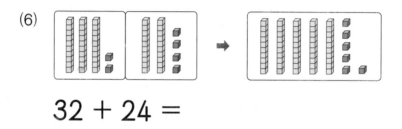

$$32 + 24 =$$

(7)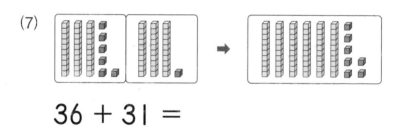

$$36 + 31 =$$

(8)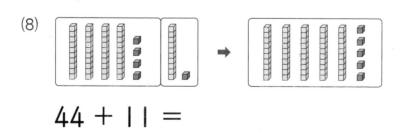

$$44 + 11 =$$

**MC01** 받아올림이 없는 (두 자리 수)+(두 자리 수) (1)

● 그림을 보고 덧셈을 하세요.

(1)

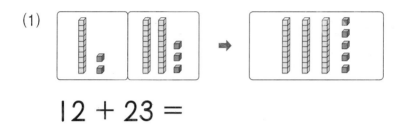

$12 + 23 =$

(2)

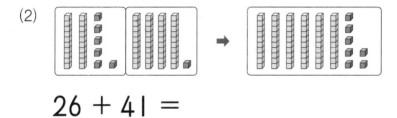

$26 + 41 =$

(3)

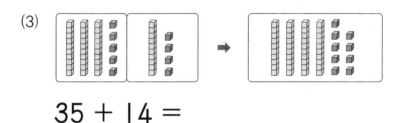

$35 + 14 =$

(4)

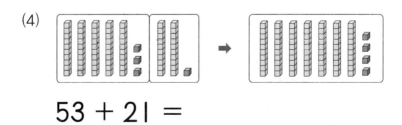

$53 + 21 =$

(5)

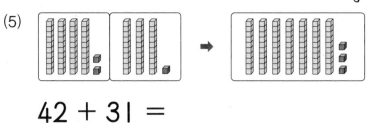

$$42 + 31 =$$

(6)

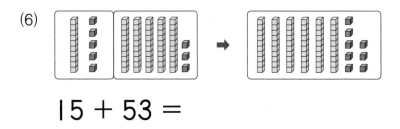

$$15 + 53 =$$

(7)

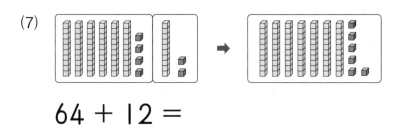

$$64 + 12 =$$

(8)

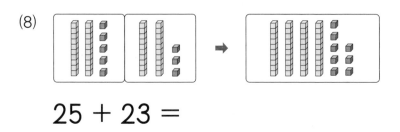

$$25 + 23 =$$

**MC01** 받아올림이 없는 (두 자리 수)+(두 자리 수) (1)

● 순서에 따라 계산하여 □ 안에 알맞은 수를 쓰세요.

(1) $10 + 12 = 20 + \boxed{2} = \boxed{\phantom{00}}$
　　　①　②　　　　①　②

(2) $11 + 14 = 20 + \boxed{5} = \boxed{\phantom{00}}$
　　　①　②　　　　①　②

(3) $20 + 23 = 40 + \boxed{\phantom{0}} = \boxed{\phantom{00}}$
　　　①　②

(4) $22 + 15 = 30 + \boxed{\phantom{0}} = \boxed{\phantom{00}}$
　　　①　②

**Talk** 두 자리 수끼리의 덧셈은 십의 자리와 일의 자리 수끼리 더한 후 합을 구합니다.
$11 + 12 = (\underline{10+10}) + (\underline{1+2}) = 20 + 3 = 23$
　　　　십의 자리　　일의 자리

(5) $13 + 33 = 40 + \boxed{\phantom{0}} = \boxed{\phantom{00}}$
① ②

(6) $12 + 46 = 50 + \boxed{\phantom{0}} = \boxed{\phantom{00}}$
① ②

(7) $22 + 35 = 50 + \boxed{\phantom{0}} = \boxed{\phantom{00}}$
① ②

(8) $21 + 13 = 30 + \boxed{\phantom{0}} = \boxed{\phantom{00}}$
① ②

(9) $33 + 24 = 50 + \boxed{\phantom{0}} = \boxed{\phantom{00}}$
① ②

(10) $34 + 45 = 70 + \boxed{\phantom{0}} = \boxed{\phantom{00}}$
① ②

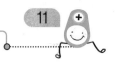

**MC01** 받아올림이 없는 (두 자리 수)+(두 자리 수) (1)

● 순서에 따라 계산하여 ☐ 안에 알맞은 수를 쓰세요.

(1) $17 + 30 = \boxed{40} + 7 = \boxed{\phantom{00}}$
   ① ②

(2) $15 + 13 = \boxed{\phantom{00}} + 8 = \boxed{\phantom{00}}$
   ① ②

(3) $23 + 21 = \boxed{\phantom{00}} + 4 = \boxed{\phantom{00}}$
   ① ②

(4) $36 + 50 = \boxed{\phantom{00}} + 6 = \boxed{\phantom{00}}$
   ① ②

(5) $34 + 41 = \boxed{\phantom{00}} + 5 = \boxed{\phantom{00}}$
   ① ②

(6) $27 + 11 = \boxed{\phantom{00}} + 8 = \boxed{\phantom{00}}$
① ②

(7) $24 + 34 = \boxed{\phantom{00}} + 8 = \boxed{\phantom{00}}$
① ②

(8) $13 + 52 = \boxed{\phantom{00}} + 5 = \boxed{\phantom{00}}$
① ②

(9) $18 + 71 = \boxed{\phantom{00}} + 9 = \boxed{\phantom{00}}$
① ②

(10) $35 + 22 = \boxed{\phantom{00}} + 7 = \boxed{\phantom{00}}$
① ②

(11) $34 + 12 = \boxed{\phantom{00}} + 6 = \boxed{\phantom{00}}$
① ②

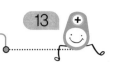

**MC01** 받아올림이 없는 (두 자리 수)+(두 자리 수) (1)

● 순서에 따라 계산하여 ☐ 안에 알맞은 수를 쓰세요.

(1) $40 + 13 =$ ☐ $+$ ☐ $=$ ☐
① ②

(2) $42 + 25 =$ ☐ $+$ ☐ $=$ ☐
① ②

(3) $50 + 34 =$ ☐ $+$ ☐ $=$ ☐
① ②

(4) $51 + 22 =$ ☐ $+$ ☐ $=$ ☐
① ②

(5) $62 + 17 =$ ☐ $+$ ☐ $=$ ☐
① ②

(6) $41 + 34 = $ ☐ $+$ ☐ $=$ ☐
   ① ②

(7) $42 + 56 = $ ☐ $+$ ☐ $=$ ☐
   ① ②

(8) $53 + 12 = $ ☐ $+$ ☐ $=$ ☐
   ① ②

(9) $51 + 43 = $ ☐ $+$ ☐ $=$ ☐
   ① ②

(10) $61 + 28 = $ ☐ $+$ ☐ $=$ ☐
   ① ②

(11) $62 + 33 = $ ☐ $+$ ☐ $=$ ☐
   ① ②

**MC01** 받아올림이 없는 (두 자리 수)+(두 자리 수) (1)

● 순서에 따라 계산하여 ☐ 안에 알맞은 수를 쓰세요.

(1) $46 + 50 =$ ☐ $+$ ☐ $=$ ☐
   ① ②

(2) $47 + 12 =$ ☐ $+$ ☐ $=$ ☐
   ① ②

(3) $55 + 23 =$ ☐ $+$ ☐ $=$ ☐
   ① ②

(4) $64 + 32 =$ ☐ $+$ ☐ $=$ ☐
   ① ②

(5) $63 + 21 =$ ☐ $+$ ☐ $=$ ☐
   ① ②

(6) $44 + 22 =$ ☐ $+$ ☐ $=$ ☐
　　① ②

(7) $48 + 41 =$ ☐ $+$ ☐ $=$ ☐
　　① ②

(8) $56 + 42 =$ ☐ $+$ ☐ $=$ ☐
　　① ②

(9) $54 + 13 =$ ☐ $+$ ☐ $=$ ☐
　　① ②

(10) $65 + 31 =$ ☐ $+$ ☐ $=$ ☐
　　① ②

(11) $67 + 12 =$ ☐ $+$ ☐ $=$ ☐
　　① ②

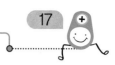

**MC01** 받아올림이 없는 (두 자리 수)+(두 자리 수) (1)

● 순서에 따라 계산하여 ☐ 안에 알맞은 수를 쓰세요.

(1) $12 + 45 = 7 + \boxed{50} = \boxed{\phantom{00}}$
　　　　②　①　　①　　　②

(2) $22 + 16 = 8 + \boxed{30} = \boxed{\phantom{00}}$
　　　②　①

(3) $30 + 19 = 9 + \boxed{\phantom{00}} = \boxed{\phantom{00}}$
　　　②　①

(4) $42 + 23 = 5 + \boxed{\phantom{00}} = \boxed{\phantom{00}}$
　　　②　①

(5) $53 + 34 = 7 + \boxed{\phantom{00}} = \boxed{\phantom{00}}$
　　　②　①

(6) $63 + 21 = \boxed{\phantom{00}} + 80 = \boxed{\phantom{000}}$

② ①

(7) $76 + 12 = \boxed{\phantom{00}} + 80 = \boxed{\phantom{000}}$

② ①

(8) $84 + 15 = \boxed{\phantom{00}} + 90 = \boxed{\phantom{000}}$

② ①

(9) $45 + 10 = \boxed{\phantom{00}} + 50 = \boxed{\phantom{000}}$

② ①

(10) $27 + 32 = \boxed{\phantom{00}} + 50 = \boxed{\phantom{000}}$

② ①

(11) $53 + 21 = \boxed{\phantom{00}} + 70 = \boxed{\phantom{000}}$

② ①

**MC01** 받아올림이 없는 (두 자리 수)+(두 자리 수) (1)

● 순서에 따라 계산하여 □ 안에 알맞은 수를 쓰세요.

(1) $21 + 15 = \boxed{6} + \boxed{30} = \boxed{\phantom{00}}$

② ①

(2) $43 + 32 = \boxed{5} + \boxed{70} = \boxed{\phantom{00}}$

② ①

(3) $59 + 10 = \boxed{\phantom{00}} + \boxed{\phantom{00}} = \boxed{\phantom{00}}$

② ①

(4) $82 + 14 = \boxed{\phantom{00}} + \boxed{\phantom{00}} = \boxed{\phantom{00}}$

② ①

(5) $62 + 23 = \boxed{\phantom{00}} + \boxed{\phantom{00}} = \boxed{\phantom{00}}$

② ①

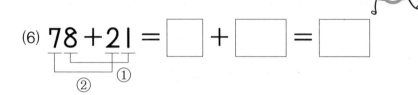

(6) $78 + 21 = $ ☐ $+$ ☐ $=$ ☐
② ①

(7) $12 + 54 = $ ☐ $+$ ☐ $=$ ☐
② ①

(8) $35 + 11 = $ ☐ $+$ ☐ $=$ ☐
② ①

(9) $43 + 34 = $ ☐ $+$ ☐ $=$ ☐
② ①

(10) $26 + 42 = $ ☐ $+$ ☐ $=$ ☐
② ①

(11) $63 + 35 = $ ☐ $+$ ☐ $=$ ☐
② ①

**MC01** 받아올림이 없는 (두 자리 수)+(두 자리 수) (1)

● 덧셈을 하세요.

(1) 10 + 18 =

(2) 10 + 22 =

(3) 13 + 24 =

(4) 20 + 15 =

(5) 21 + 17 =

(6) 22 + 53 =

(7) 33 + 16 =

(8) 32 + 35 =

(9) $10 + 73 =$

(10) $12 + 45 =$

(11) $11 + 44 =$

(12) $30 + 50 =$

(13) $34 + 25 =$

(14) $32 + 12 =$

(15) $23 + 34 =$

(16) $21 + 33 =$

(17) $22 + 46 =$

**MC01** 받아올림이 없는 (두 자리 수)+(두 자리 수) (1)

● 덧셈을 하세요.

(1) $19 + 60 =$

(2) $15 + 23 =$

(3) $17 + 21 =$

(4) $23 + 22 =$

(5) $26 + 51 =$

(6) $38 + 30 =$

(7) $35 + 14 =$

(8) $34 + 12 =$

(9)  27 + 12 =

(10)  25 + 43 =

(11)  24 + 31 =

(12)  36 + 22 =

(13)  35 + 52 =

(14)  37 + 31 =

(15)  15 + 34 =

(16)  14 + 73 =

(17)  12 + 42 =

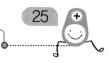

**MC01** 받아올림이 없는 (두 자리 수)+(두 자리 수) (1)

● 덧셈을 하세요.

(1) 10 + 46 =

(2) 12 + 25 =

(3) 21 + 34 =

(4) 24 + 53 =

(5) 20 + 40 =

(6) 32 + 17 =

(7) 31 + 23 =

(8) 33 + 14 =

(9) $22 + 25 =$

(10) $29 + 30 =$

(11) $25 + 11 =$

(12) $13 + 54 =$

(13) $10 + 26 =$

(14) $17 + 71 =$

(15) $35 + 13 =$

(16) $33 + 42 =$

(17) $34 + 35 =$

MC01 받아올림이 없는 (두 자리 수)+(두 자리 수) (1)

● 덧셈을 하세요.

(1) $40 + 20 =$

(2) $41 + 25 =$

(3) $42 + 43 =$

(4) $53 + 14 =$

(5) $52 + 16 =$

(6) $51 + 34 =$

(7) $60 + 29 =$

(8) $64 + 25 =$

(9)  62 + 15 =

(10)  64 + 14 =

(11)  61 + 22 =

(12)  50 + 47 =

(13)  53 + 24 =

(14)  52 + 27 =

(15)  42 + 36 =

(16)  41 + 15 =

(17)  42 + 53 =

**MC01** 받아올림이 없는 (두 자리 수)+(두 자리 수) (1)

● 덧셈을 하세요.

(1) $47 + 11 =$

(2) $45 + 32 =$

(3) $58 + 40 =$

(4) $55 + 23 =$

(5) $54 + 21 =$

(6) $66 + 12 =$

(7) $64 + 14 =$

(8) $69 + 20 =$

(9) $44 + 43 =$

(10) $43 + 21 =$

(11) $45 + 24 =$

(12) $55 + 13 =$

(13) $56 + 31 =$

(14) $53 + 33 =$

(15) $68 + 21 =$

(16) $65 + 33 =$

(17) $66 + 31 =$

**MC01** 받아올림이 없는 (두 자리 수)+(두 자리 수) (1)

● 덧셈을 하세요.

(1) 70 + 20 =

(2) 74 + 25 =

(3) 72 + 14 =

(4) 71 + 16 =

(5) 80 + 14 =

(6) 83 + 15 =

(7) 81 + 16 =

(8) 82 + 13 =

(9)  87 + 11 =

(10)  83 + 10 =

(11)  84 + 13 =

(12)  83 + 12 =

(13)  74 + 13 =

(14)  76 + 12 =

(15)  73 + 23 =

(16)  79 + 20 =

(17)  77 + 21 =

**MC01** 받아올림이 없는 (두 자리 수) + (두 자리 수) (1)

● 덧셈을 하세요.

(1) 12 + 13 =

(2) 13 + 12 =

(3) 15 + 14 =

(4) 21 + 20 =

(5) 23 + 15 =

(6) 24 + 14 =

(7) 27 + 11 =

(8) 31 + 15 =

(9)  32 + 16 =

(10)  33 + 15 =

(11)  40 + 20 =

(12)  41 + 21 =

(13)  45 + 24 =

(14)  50 + 30 =

(15)  30 + 50 =

(16)  42 + 12 =

(17)  44 + 13 =

**MC01** 받아올림이 없는 (두 자리 수)+(두 자리 수) (1)

● 덧셈을 하세요.

(1) $42 + 13 =$

(2) $40 + 33 =$

(3) $54 + 25 =$

(4) $51 + 17 =$

(5) $60 + 21 =$

(6) $62 + 14 =$

(7) $71 + 15 =$

(8) $80 + 12 =$

(9) $45 + 20 =$

(10) $44 + 14 =$

(11) $54 + 12 =$

(12) $55 + 23 =$

(13) $64 + 31 =$

(14) $62 + 22 =$

(15) $79 + 10 =$

(16) $75 + 21 =$

(17) $84 + 13 =$

**MC01** 받아올림이 없는 (두 자리 수) + (두 자리 수) (1)

● 빈칸에 알맞은 수를 쓰세요.

| + | 16 | 17 | 26 | 27 |
|---|----|----|----|----|
| 10 | 26 | 27 | | |
| 20 | | 37 | 46 | |
| 30 | 46 | 47 | | |
| 40 | | | 66 | 67 |
| 50 | 66 | | | 77 |
| 60 | 76 | 77 | | |

● 빈칸에 알맞은 수를 쓰세요.

| +  | 11 | 22 | 33 | 44  |
|----|----|----|----|-----|
| 11 |    | 33 | 44 |     |
| 22 | 33 | 44 |    |     |
| 33 |    | 55 | 66 |     |
| 44 |    |    | 77 | 88  |
| 55 | 66 | 77 |    |     |
| 66 | 77 | 88 | 99 | 110 |

**MC01** 받아올림이 없는 (두 자리 수) + (두 자리 수) (1)

● 빈칸에 알맞은 수를 쓰세요.

| +  | 30 | 33 | 35 | 37 |
|----|----|----|----|----|
| 10 | 40 | 43 |    |    |
| 15 |    |    | 50 | 52 |
| 20 |    | 53 | 55 |    |
| 25 |    |    | 60 | 62 |
| 30 | 60 |    |    | 67 |
| 35 |    |    | 70 | 72 |

● 빈칸에 알맞은 수를 쓰세요.

| +  | 40 | 45 | 50  | 55  |
|----|----|----|-----|-----|
| 25 |    | 70 | 75  | 80  |
| 30 | 70 |    |     |     |
| 35 |    | 80 | 85  | 90  |
| 40 | 80 |    |     | 95  |
| 45 |    | 90 |     | 100 |
| 50 |    |    | 100 | 105 |

# 받아올림이 없는
# (두 자리 수)+(두 자리 수) (2)

2주차

| 요일 | 교재 번호 | 학습한 날짜 | | 확인 |
|---|---|---|---|---|
| 1일차(월) | 01~08 | 월 | 일 | |
| 2일차(화) | 09~16 | 월 | 일 | |
| 3일차(수) | 17~24 | 월 | 일 | |
| 4일차(목) | 25~32 | 월 | 일 | |
| 5일차(금) | 33~40 | 월 | 일 | |

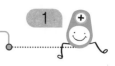

● 덧셈을 하세요.

(1) $12 + 36 =$

(2) $25 + 40 =$

(3) $36 + 22 =$

(4) $42 + 15 =$

(5) $53 + 10 =$

(6) $64 + 24 =$

(7) $70 + 17 =$

(8) $80 + 18 =$

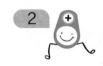

(9) 73 + 12 =

(10) 30 + 16 =

(11) 22 + 14 =

(12) 14 + 15 =

(13) 51 + 23 =

(14) 24 + 25 =

(15) 37 + 12 =

(16) 65 + 30 =

(17) 41 + 23 =

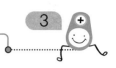

**MC02** 받아올림이 없는 (두 자리 수)+(두 자리 수) (2)

● ☐ 안에 알맞은 수를 쓰세요.

(1)
$$\begin{array}{r} 1\ 2 \\ +\ 1\ 5 \\ \hline \boxed{7} \end{array}$$
→
$$\begin{array}{r} 1\ 2 \\ +\ 1\ 5 \\ \hline \boxed{2}\ \boxed{7} \end{array}$$

(2)
$$\begin{array}{r} 1\ 3 \\ +\ 1\ 6 \\ \hline \boxed{9} \end{array}$$
→
$$\begin{array}{r} 1\ 3 \\ +\ 1\ 6 \\ \hline \boxed{2}\ \boxed{9} \end{array}$$

(3)
$$\begin{array}{r} 1\ 1 \\ +\ 3\ 4 \\ \hline \boxed{5} \end{array}$$
→
$$\begin{array}{r} 1\ 1 \\ +\ 3\ 4 \\ \hline \boxed{\phantom{0}}\ \boxed{\phantom{0}} \end{array}$$

 **Talk** 두 자리 수끼리의 덧셈을 세로로 나타내어 계산할 때에는 받아올림이 있을 수 있으므로 일의 자리부터 계산하여 오답을 줄일 수 있습니다.

(4)

```
    1 0          1 0
+   7 0      +   7 0
─────── →   ───────
      □        □ □
```

(5)

```
    1 7          1 7
+   2 1      +   2 1
─────── →   ───────
      □        □ □
```

(6)

```
    1 3          1 3
+   5 3      +   5 3
─────── →   ───────
      □        □ □
```

(7)

```
    1 6          1 6
+   2 3      +   2 3
─────── →   ───────
      □        □ □
```

**MC02** 받아올림이 없는 (두 자리 수)+(두 자리 수) (2)

● □ 안에 알맞은 수를 쓰세요.

(1)
$$
\begin{array}{r}
2\ 1 \\
+\ 1\ 4 \\
\hline
\square
\end{array}
\qquad\longrightarrow\qquad
\begin{array}{r}
2\ 1 \\
+\ 1\ 4 \\
\hline
\square\ \square
\end{array}
$$

(2)
$$
\begin{array}{r}
2\ 0 \\
+\ 3\ 2 \\
\hline
\square
\end{array}
\qquad\longrightarrow\qquad
\begin{array}{r}
2\ 0 \\
+\ 3\ 2 \\
\hline
\square\ \square
\end{array}
$$

(3)
$$
\begin{array}{r}
2\ 3 \\
+\ 3\ 6 \\
\hline
\square
\end{array}
\qquad\longrightarrow\qquad
\begin{array}{r}
2\ 3 \\
+\ 3\ 6 \\
\hline
\square\ \square
\end{array}
$$

(4)

```
    2 8          2 8
  + 5 1   →    + 5 1
  ───────      ───────
      □        □   □
```

(5)

```
    2 5          2 5
  + 1 3   →    + 1 3
  ───────      ───────
      □        □   □
```

(6)

```
    2 4          2 4
  + 4 4   →    + 4 4
  ───────      ───────
      □        □   □
```

(7)

```
    2 4          2 4
  + 2 3   →    + 2 3
  ───────      ───────
      □        □   □
```

MC02 받아올림이 없는 (두 자리 수)+(두 자리 수) (2)

● □ 안에 알맞은 수를 쓰세요.

(1)

$$
\begin{array}{r}
3\ 1 \\
+\ 1\ 6 \\
\hline
\boxed{}
\end{array}
$$
→
$$
\begin{array}{r}
3\ 1 \\
+\ 1\ 6 \\
\hline
\boxed{}\ \boxed{}
\end{array}
$$

(2)

$$
\begin{array}{r}
3\ 4 \\
+\ 2\ 5 \\
\hline
\boxed{}
\end{array}
$$
→
$$
\begin{array}{r}
3\ 4 \\
+\ 2\ 5 \\
\hline
\boxed{}\ \boxed{}
\end{array}
$$

(3)

$$
\begin{array}{r}
3\ 2 \\
+\ 4\ 6 \\
\hline
\boxed{}
\end{array}
$$
→
$$
\begin{array}{r}
3\ 2 \\
+\ 4\ 6 \\
\hline
\boxed{}\ \boxed{}
\end{array}
$$

(4)

```
   3 0          3 0
 + 3 0   →    + 3 0
 ─────        ─────
     □         □ □
```

(5)

```
   3 5          3 5
 + 5 2   →    + 5 2
 ─────        ─────
     □         □ □
```

(6)

```
   3 4          3 4
 + 2 1   →    + 2 1
 ─────        ─────
     □         □ □
```

(7)

```
   3 2          3 2
 + 4 3   →    + 4 3
 ─────        ─────
     □         □ □
```

**MC02** 받아올림이 없는 (두 자리 수) + (두 자리 수) (2)

● ☐ 안에 알맞은 수를 쓰세요.

(1)
```
    1 2          1 2
+   2 3    →  +  2 3
 ───────      ───────
     □        □   □
```

(2)
```
    2 7          2 7
+   4 1    →  +  4 1
 ───────      ───────
     □        □   □
```

(3)
```
    3 5          3 5
+   1 4    →  +  1 4
 ───────      ───────
     □        □   □
```

(4)

```
    1 1        1 1
+   4 5   →  + 4 5
─────────   ─────────
      □       □ □
```

(5)

```
    2 2        2 2
+   1 4   →  + 1 4
─────────   ─────────
      □       □ □
```

(6)

```
    3 8        3 8
+   5 1   →  + 5 1
─────────   ─────────
      □       □ □
```

(7)

```
    3 2        3 2
+   4 6   →  + 4 6
─────────   ─────────
      □       □ □
```

**MC02** 받아올림이 없는 (두 자리 수)+(두 자리 수) (2)

● 덧셈을 하세요.

(1)
```
    1 0
+   1 2
```

(5)
```
    1 4
+   5 5
```

(2)
```
    1 1
+   2 3
```

(6)
```
    1 5
+   6 1
```

(3)
```
    1 2
+   3 6
```

(7)
```
    1 6
+   7 2
```

(4)
```
    1 3
+   4 4
```

(8)
```
    1 7
+   8 0
```

(9)

```
    1   3
+   2   4
─────────
```

(13)

```
    1   5
+   8   4
─────────
```

(10)

```
    1   6
+   5   0
─────────
```

(14)

```
    1   4
+   4   2
─────────
```

(11)

```
    1   2
+   3   3
─────────
```

(15)

```
    1   8
+   1   1
─────────
```

(12)

```
    1   7
+   6   2
─────────
```

(16)

```
    1   4
+   7   4
─────────
```

**MC02** 받아올림이 없는 (두 자리 수)+(두 자리 수) (2)

● 덧셈을 하세요.

(1)
```
  2 0
+ 1 4
```

(5)
```
  2 4
+ 5 2
```

(2)
```
  2 1
+ 3 6
```

(6)
```
  2 5
+ 7 3
```

(3)
```
  2 2
+ 2 5
```

(7)
```
  2 6
+ 6 0
```

(4)
```
  2 3
+ 7 1
```

(8)
```
  2 7
+ 4 1
```

(9)
```
    2  4
+   2  4
─────────
```

(13)
```
    2  2
+   7  1
─────────
```

(10)
```
    2  5
+   4  3
─────────
```

(14)
```
    2  7
+   3  2
─────────
```

(11)
```
    2  1
+   5  5
─────────
```

(15)
```
    2  3
+   4  4
─────────
```

(12)
```
    2  0
+   1  9
─────────
```

(16)
```
    2  6
+   6  2
─────────
```

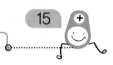

**MC02** 받아올림이 없는 (두 자리 수)+(두 자리 수) (2)

● 덧셈을 하세요.

(1)
```
  1 6
+ 2 0
```

(5)
```
  1 3
+ 3 3
```

(2)
```
  1 1
+ 1 5
```

(6)
```
  1 7
+ 4 2
```

(3)
```
  1 3
+ 2 1
```

(7)
```
  1 2
+ 3 4
```

(4)
```
  1 4
+ 2 5
```

(8)
```
  1 3
+ 5 4
```

(9)

```
    2 4
  + 2 5
  ─────
```

(13)

```
    2 7
  + 7 0
  ─────
```

(10)

```
    2 6
  + 3 1
  ─────
```

(14)

```
    2 2
  + 5 4
  ─────
```

(11)

```
    2 5
  + 1 3
  ─────
```

(15)

```
    2 1
  + 6 2
  ─────
```

(12)

```
    2 2
  + 4 3
  ─────
```

(16)

```
    2 3
  + 3 6
  ─────
```

**MC02** 받아올림이 없는 (두 자리 수) + (두 자리 수) (2)

● 덧셈을 하세요.

(1)
```
    1 7
+   2 1
─────────
```

(5)
```
    2 6
+   3 2
─────────
```

(2)
```
    1 3
+   1 5
─────────
```

(6)
```
    2 1
+   2 5
─────────
```

(3)
```
    1 4
+   3 3
─────────
```

(7)
```
    2 2
+   1 3
─────────
```

(4)
```
    1 4
+   5 2
─────────
```

(8)
```
    2 9
+   4 0
─────────
```

(9)
```
    1 1
+   4 3
─────────
```

(13)
```
    2 5
+   7 4
─────────
```

(10)
```
    1 4
+   8 4
─────────
```

(14)
```
    2 3
+   5 3
─────────
```

(11)
```
    1 2
+   6 5
─────────
```

(15)
```
    2 5
+   6 3
─────────
```

(12)
```
    1 6
+   2 3
─────────
```

(16)
```
    2 7
+   3 1
─────────
```

**MC02** 받아올림이 없는 (두 자리 수)+(두 자리 수) (2)

● 덧셈을 하세요.

(1)
```
    3 1
+   1 6
```

(5)
```
    3 4
+   3 4
```

(2)
```
    3 5
+   2 2
```

(6)
```
    3 3
+   6 3
```

(3)
```
    3 6
+   4 1
```

(7)
```
    3 0
+   1 8
```

(4)
```
    3 2
+   5 5
```

(8)
```
    3 7
+   4 2
```

(9)
```
    3  5
+   1  2
─────────
```

(13)
```
    3  2
+   2  3
─────────
```

(10)
```
    3  8
+   6  0
─────────
```

(14)
```
    3  4
+   6  1
─────────
```

(11)
```
    3  1
+   4  6
─────────
```

(15)
```
    3  3
+   3  5
─────────
```

(12)
```
    3  7
+   5  1
─────────
```

(16)
```
    3  6
+   2  2
─────────
```

MC02 받아올림이 없는 (두 자리 수)+(두 자리 수) (2)

● 덧셈을 하세요.

(1)
```
    4 4
 +  3 0
```

(5)
```
    4 1
 +  2 6
```

(2)
```
    4 5
 +  1 3
```

(6)
```
    4 7
 +  4 2
```

(3)
```
    4 3
 +  2 4
```

(7)
```
    4 2
 +  3 5
```

(4)
```
    4 0
 +  3 9
```

(8)
```
    4 6
 +  2 1
```

(9)

```
    4 6
+   2 2
─────────
```

(13)

```
    4 7
+   4 0
─────────
```

(10)

```
    4 1
+   3 6
─────────
```

(14)

```
    4 3
+   1 5
─────────
```

(11)

```
    4 8
+   5 1
─────────
```

(15)

```
    4 2
+   4 4
─────────
```

(12)

```
    4 4
+   2 3
─────────
```

(16)

```
    4 5
+   1 1
─────────
```

**MC02** 받아올림이 없는 (두 자리 수)+(두 자리 수) (2)

● 덧셈을 하세요.

(1)
```
  3 5
+ 1 3
-----
```

(5)
```
  3 4
+ 5 4
-----
```

(2)
```
  3 2
+ 3 6
-----
```

(6)
```
  3 3
+ 1 1
-----
```

(3)
```
  3 1
+ 2 4
-----
```

(7)
```
  3 7
+ 4 1
-----
```

(4)
```
  3 0
+ 6 6
-----
```

(8)
```
  3 6
+ 2 3
-----
```

(9)

```
    4 0
+   3 0
────────
```

(13)

```
    4 3
+   4 2
────────
```

(10)

```
    4 1
+   2 4
────────
```

(14)

```
    4 3
+   1 4
────────
```

(11)

```
    4 2
+   5 1
────────
```

(15)

```
    4 2
+   3 6
────────
```

(12)

```
    4 4
+   1 5
────────
```

(16)

```
    4 5
+   2 3
────────
```

**MC02** 받아올림이 없는 (두 자리 수)+(두 자리 수) (2)

● 덧셈을 하세요.

(1)
```
    3 1
+   3 5
─────────
```

(5)
```
    4 2
+   2 4
─────────
```

(2)
```
    3 9
+   1 0
─────────
```

(6)
```
    4 2
+   1 5
─────────
```

(3)
```
    3 7
+   5 2
─────────
```

(7)
```
    4 1
+   1 1
─────────
```

(4)
```
    3 1
+   2 0
─────────
```

(8)
```
    4 6
+   3 3
─────────
```

(9)

```
    3 6
 +  3 1
```

(13)

```
    4 4
 +  4 5
```

(10)

```
    3 2
 +  1 4
```

(14)

```
    4 7
 +  2 2
```

(11)

```
    3 4
 +  4 5
```

(15)

```
    4 5
 +  5 2
```

(12)

```
    3 3
 +  3 2
```

(16)

```
    4 3
 +  4 1
```

**MC02** 받아올림이 없는 (두 자리 수)+(두 자리 수) (2)

● 덧셈을 하세요.

(1)
```
    5 2
+   1 3
```

(5)
```
    5 4
+   3 5
```

(2)
```
    5 5
+   2 1
```

(6)
```
    5 3
+   4 2
```

(3)
```
    5 0
+   1 8
```

(7)
```
    5 1
+   3 6
```

(4)
```
    5 7
+   4 1
```

(8)
```
    5 6
+   2 2
```

(9)
```
    5  3
+   3  4
───────
```

(13)
```
    5  5
+   2  3
───────
```

(10)
```
    5  7
+   1  2
───────
```

(14)
```
    5  1
+   3  5
───────
```

(11)
```
    5  4
+   4  5
───────
```

(15)
```
    5  8
+   2  0
───────
```

(12)
```
    5  2
+   2  1
───────
```

(16)
```
    5  6
+   3  2
───────
```

**MC02** 받아올림이 없는 (두 자리 수)+(두 자리 수) (2)

● 덧셈을 하세요.

(1)
$$\begin{array}{r} 6\ 1 \\ +\ 1\ 4 \\ \hline \end{array}$$

(5)
$$\begin{array}{r} 6\ 6 \\ +\ 2\ 3 \\ \hline \end{array}$$

(2)
$$\begin{array}{r} 6\ 3 \\ +\ 3\ 6 \\ \hline \end{array}$$

(6)
$$\begin{array}{r} 6\ 5 \\ +\ 1\ 4 \\ \hline \end{array}$$

(3)
$$\begin{array}{r} 6\ 7 \\ +\ 2\ 2 \\ \hline \end{array}$$

(7)
$$\begin{array}{r} 6\ 0 \\ +\ 3\ 9 \\ \hline \end{array}$$

(4)
$$\begin{array}{r} 6\ 2 \\ +\ 1\ 2 \\ \hline \end{array}$$

(8)
$$\begin{array}{r} 6\ 4 \\ +\ 2\ 1 \\ \hline \end{array}$$

(9)

```
    6  4
+   3  4
─────────
```

(13)

```
    6  2
+   2  5
─────────
```

(10)

```
    6  7
+   1  2
─────────
```

(14)

```
    6  6
+   3  1
─────────
```

(11)

```
    6  1
+   2  6
─────────
```

(15)

```
    6  3
+   1  4
─────────
```

(12)

```
    6  5
+   3  2
─────────
```

(16)

```
    6  8
+   2  0
─────────
```

**MC02** 받아올림이 없는 (두 자리 수)+(두 자리 수) (2)

● 덧셈을 하세요.

(1)
```
    5 2
+   2 4
─────────
```

(5)
```
    5 3
+   3 6
─────────
```

(2)
```
    5 3
+   1 5
─────────
```

(6)
```
    5 4
+   1 1
─────────
```

(3)
```
    5 7
+   4 0
─────────
```

(7)
```
    5 5
+   3 4
─────────
```

(4)
```
    5 1
+   2 1
─────────
```

(8)
```
    5 2
+   4 3
─────────
```

(9)
```
   6 4
 + 2 3
```

(13)
```
   6 4
 + 2 5
```

(10)
```
   6 2
 + 1 5
```

(14)
```
   6 5
 + 3 3
```

(11)
```
   6 8
 + 1 1
```

(15)
```
   6 3
 + 2 2
```

(12)
```
   6 2
 + 3 6
```

(16)
```
   6 1
 + 1 2
```

**MC02** 받아올림이 없는 (두 자리 수)+(두 자리 수) (2)

● 덧셈을 하세요.

(1)
```
    5 1
+   1 2
─────────
```

(5)
```
    6 4
+   3 0
─────────
```

(2)
```
    5 4
+   1 3
─────────
```

(6)
```
    6 1
+   2 5
─────────
```

(3)
```
    5 2
+   3 6
─────────
```

(7)
```
    6 3
+   1 3
─────────
```

(4)
```
    5 5
+   2 4
─────────
```

(8)
```
    6 7
+   2 1
─────────
```

(9)
```
    5 8
  + 4 1
  ─────
```

(13)
```
    6 2
  + 1 4
  ─────
```

(10)
```
    5 3
  + 2 3
  ─────
```

(14)
```
    6 0
  + 3 6
  ─────
```

(11)
```
    5 0
  + 3 5
  ─────
```

(15)
```
    6 6
  + 2 1
  ─────
```

(12)
```
    5 5
  + 1 2
  ─────
```

(16)
```
    6 4
  + 1 4
  ─────
```

**MC02** 받아올림이 없는 (두 자리 수)+(두 자리 수) (2)

● 덧셈을 하세요.

(1)
```
    7 5
+   1 4
```

(5)
```
    7 6
+   2 0
```

(2)
```
    7 2
+   2 5
```

(6)
```
    7 1
+   1 6
```

(3)
```
    7 7
+   1 2
```

(7)
```
    7 3
+   2 5
```

(4)
```
    7 0
+   2 8
```

(8)
```
    7 4
+   1 3
```

(9)
```
    7 0
+   1 9
─────────
```

(13)
```
    7 3
+   1 4
─────────
```

(10)
```
    7 4
+   2 5
─────────
```

(14)
```
    7 1
+   2 3
─────────
```

(11)
```
    7 2
+   1 6
─────────
```

(15)
```
    7 7
+   2 1
─────────
```

(12)
```
    7 5
+   1 2
─────────
```

(16)
```
    7 6
+   2 2
─────────
```

**MC02** 받아올림이 없는 (두 자리 수)+(두 자리 수) (2)

● 덧셈을 하세요.

(1)
```
    8 4
+   1 2
─────────
```

(5)
```
    8 1
+   1 5
─────────
```

(2)
```
    8 6
+   1 3
─────────
```

(6)
```
    8 9
+   1 0
─────────
```

(3)
```
    8 0
+   1 7
─────────
```

(7)
```
    8 2
+   1 2
─────────
```

(4)
```
    8 3
+   1 4
─────────
```

(8)
```
    8 5
+   1 1
─────────
```

(9)

```
    8  3
+   1  2
```

(13)

```
    8  2
+   1  5
```

(10)

```
    8  5
+   1  4
```

(14)

```
    8  7
+   1  1
```

(11)

```
    8  1
+   1  8
```

(15)

```
    8  4
+   1  3
```

(12)

```
    8  6
+   1  2
```

(16)

```
    8  8
+   1  0
```

**MC02** 받아올림이 없는 (두 자리 수)+(두 자리 수) (2)

● 덧셈을 하세요.

(1)
```
  7 1
+ 1 5
-----
```

(5)
```
  8 5
+ 1 3
-----
```

(2)
```
  7 1
+ 2 2
-----
```

(6)
```
  8 4
+ 1 4
-----
```

(3)
```
  7 3
+ 1 2
-----
```

(7)
```
  8 2
+ 1 0
-----
```

(4)
```
  7 8
+ 2 1
-----
```

(8)
```
  8 7
+ 1 2
-----
```

(9)

```
    7 6
+   1 2
─────────
```

(13)

```
    8 2
+   1 6
─────────
```

(10)

```
    7 0
+   1 1
─────────
```

(14)

```
    7 4
+   2 2
─────────
```

(11)

```
    8 1
+   1 4
─────────
```

(15)

```
    7 3
+   2 1
─────────
```

(12)

```
    8 3
+   1 3
─────────
```

(16)

```
    7 5
+   2 4
─────────
```

# 받아올림이 없는
# (두 자리 수)+(두 자리 수) (3)

3주차

| 요일 | 교재 번호 | 학습한 날짜 | | 확인 |
|---|---|---|---|---|
| 1일차(월) | 01~08 | 월 | 일 | |
| 2일차(화) | 09~16 | 월 | 일 | |
| 3일차(수) | 17~24 | 월 | 일 | |
| 4일차(목) | 25~32 | 월 | 일 | |
| 5일차(금) | 33~40 | 월 | 일 | |

● □ 안에 알맞은 수를 쓰세요.

(1)
```
    1 0          1 0
  + 1 0   →    + 1 0
  ─────        ─────
    □            □ □
```

(2)
```
    1 0          1 0
  + 3 0   →    + 3 0
  ─────        ─────
    □            □ □
```

(3)
```
    1 3          1 3
  + 6 1   →    + 6 1
  ─────        ─────
    □            □ □
```

(4)
```
    1 4          1 4
  + 5 2   →    + 5 2
  ─────        ─────
    □            □ □
```

(5)

$$
\begin{array}{r}
2\ 0 \\
+\ 3\ 0 \\
\hline
\square
\end{array}
$$

→

$$
\begin{array}{r}
2\ 0 \\
+\ 3\ 0 \\
\hline
\square\ \square
\end{array}
$$

(6)

$$
\begin{array}{r}
2\ 0 \\
+\ 1\ 0 \\
\hline
\square
\end{array}
$$

→

$$
\begin{array}{r}
2\ 0 \\
+\ 1\ 0 \\
\hline
\square\ \square
\end{array}
$$

(7)

$$
\begin{array}{r}
2\ 4 \\
+\ 4\ 4 \\
\hline
\square
\end{array}
$$

→

$$
\begin{array}{r}
2\ 4 \\
+\ 4\ 4 \\
\hline
\square\ \square
\end{array}
$$

(8)

$$
\begin{array}{r}
2\ 0 \\
+\ 7\ 6 \\
\hline
\square
\end{array}
$$

→

$$
\begin{array}{r}
2\ 0 \\
+\ 7\ 6 \\
\hline
\square\ \square
\end{array}
$$

**MC03** 받아올림이 없는 (두 자리 수)+(두 자리 수) (3)

● ☐ 안에 알맞은 수를 쓰세요.

(1)

```
    3 0          3 0
  + 1 0   →    + 1 0
  ─────        ─────
     ☐          ☐ ☐
```

(2)

```
    3 0          3 0
  + 4 0   →    + 4 0
  ─────        ─────
     ☐          ☐ ☐
```

(3)

```
    3 6          3 6
  + 2 2   →    + 2 2
  ─────        ─────
     ☐          ☐ ☐
```

(4)

```
    3 1          3 1
  + 6 4   →    + 6 4
  ─────        ─────
     ☐          ☐ ☐
```

(5)
```
    4 0          4 0
+   1 0    →   + 1 0
  ─────        ─────
    □          □ □
```

(6)
```
    4 0          4 0
+   4 0    →   + 4 0
  ─────        ─────
    □          □ □
```

(7)
```
    4 5          4 5
+   5 1    →   + 5 1
  ─────        ─────
    □          □ □
```

(8)
```
    4 3          4 3
+   3 6    →   + 3 6
  ─────        ─────
    □          □ □
```

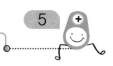

**MC03** 받아올림이 없는 (두 자리 수) + (두 자리 수) (3)

● □ 안에 알맞은 수를 쓰세요.

(1)

$$
\begin{array}{r}
5\ 0 \\
+\ 2\ 0 \\
\hline
\square
\end{array}
\qquad\rightarrow\qquad
\begin{array}{r}
5\ 0 \\
+\ 2\ 0 \\
\hline
\square\ \square
\end{array}
$$

(2)

$$
\begin{array}{r}
5\ 2 \\
+\ 4\ 0 \\
\hline
\square
\end{array}
\qquad\rightarrow\qquad
\begin{array}{r}
5\ 2 \\
+\ 4\ 0 \\
\hline
\square\ \square
\end{array}
$$

(3)

$$
\begin{array}{r}
5\ 4 \\
+\ 1\ 3 \\
\hline
\square
\end{array}
\qquad\rightarrow\qquad
\begin{array}{r}
5\ 4 \\
+\ 1\ 3 \\
\hline
\square\ \square
\end{array}
$$

(4)

$$
\begin{array}{r}
5\ 5 \\
+\ 3\ 1 \\
\hline
\square
\end{array}
\qquad\rightarrow\qquad
\begin{array}{r}
5\ 5 \\
+\ 3\ 1 \\
\hline
\square\ \square
\end{array}
$$

(5)
```
  6 0          6 0
+ 1 0    →   + 1 0
─────        ─────
  [ ]        [ ][ ]
```

(6)
```
  6 0          6 0
+ 2 4    →   + 2 4
─────        ─────
  [ ]        [ ][ ]
```

(7)
```
  6 8          6 8
+ 3 1    →   + 3 1
─────        ─────
  [ ]        [ ][ ]
```

(8)
```
  6 4          6 4
+ 2 2    →   + 2 2
─────        ─────
  [ ]        [ ][ ]
```

**MC03** 받아올림이 없는 (두 자리 수)+(두 자리 수) (3)

● ☐ 안에 알맞은 수를 쓰세요.

(1)
```
  1 0        1 0
+ 2 0   →  + 2 0
─────      ─────
  [ ]      [ ][ ]
```

(2)
```
  2 4        2 4
+ 5 2   →  + 5 2
─────      ─────
  [ ]      [ ][ ]
```

(3)
```
  3 0        3 0
+ 1 8   →  + 1 8
─────      ─────
  [ ]      [ ][ ]
```

(4)
```
  4 1        4 1
+ 4 2   →  + 4 2
─────      ─────
  [ ]      [ ][ ]
```

(5)

```
    5 0        5 0
+   3 0   →  + 3 0
  ────       ────
    [ ]      [ ][ ]
```

(6)

```
    6 3        6 3
+   2 0   →  + 2 0
  ────       ────
    [ ]      [ ][ ]
```

(7)

```
    7 2        7 2
+   1 6   →  + 1 6
  ────       ────
    [ ]      [ ][ ]
```

(8)

```
    8 5        8 5
+   1 2   →  + 1 2
  ────       ────
    [ ]      [ ][ ]
```

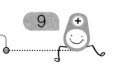

**MC03** 받아올림이 없는 (두 자리 수)+(두 자리 수) (3)

● 덧셈을 하세요.

(1)
```
   1 0
 + 1 0
```

(5)
```
   1 4
 + 5 2
```

(2)
```
   1 0
 + 4 0
```

(6)
```
   1 6
 + 7 0
```

(3)
```
   1 0
 + 3 0
```

(7)
```
   1 3
 + 4 5
```

(4)
```
   1 0
 + 2 3
```

(8)
```
   1 6
 + 6 3
```

(9)
```
    1 2
  + 6 6
  -------
```

(13)
```
    1 5
  + 3 2
  -------
```

(10)
```
    1 7
  + 5 0
  -------
```

(14)
```
    1 1
  + 8 4
  -------
```

(11)
```
    1 3
  + 2 3
  -------
```

(15)
```
    1 0
  + 7 1
  -------
```

(12)
```
    1 4
  + 4 5
  -------
```

(16)
```
    1 3
  + 1 1
  -------
```

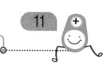

**MC03** 받아올림이 없는 (두 자리 수)+(두 자리 수) (3)

● 덧셈을 하세요.

(1)
```
    2 0
+   1 0
─────────
```

(5)
```
    2 3
+   2 6
─────────
```

(2)
```
    2 0
+   2 0
─────────
```

(6)
```
    2 4
+   6 5
─────────
```

(3)
```
    2 0
+   5 0
─────────
```

(7)
```
    2 6
+   4 1
─────────
```

(4)
```
    2 0
+   3 2
─────────
```

(8)
```
    2 2
+   7 2
─────────
```

(9)
```
   2 6
 + 4 3
```

(13)
```
   2 4
 + 6 3
```

(10)
```
   2 7
 + 3 1
```

(14)
```
   2 6
 + 5 2
```

(11)
```
   2 8
 + 4 1
```

(15)
```
   2 3
 + 7 2
```

(12)
```
   2 2
 + 5 3
```

(16)
```
   2 6
 + 3 3
```

**MC03** 받아올림이 없는 (두 자리 수)+(두 자리 수) (3)

● 덧셈을 하세요.

(1)
```
   3 0
 + 2 0
```

(5)
```
   3 3
 + 4 6
```

(2)
```
   3 0
 + 1 0
```

(6)
```
   3 4
 + 1 5
```

(3)
```
   3 0
 + 5 0
```

(7)
```
   3 6
 + 3 1
```

(4)
```
   3 3
 + 3 0
```

(8)
```
   3 0
 + 6 4
```

(9)
```
    3 6
+   3 2
─────────
```

(13)
```
    3 4
+   4 3
─────────
```

(10)
```
    3 7
+   5 0
─────────
```

(14)
```
    3 6
+   1 3
─────────
```

(11)
```
    3 8
+   2 1
─────────
```

(15)
```
    3 2
+   5 4
─────────
```

(12)
```
    3 2
+   4 1
─────────
```

(16)
```
    3 5
+   6 2
─────────
```

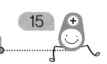

**MC03** 받아올림이 없는 (두 자리 수)+(두 자리 수) (3)

● 덧셈을 하세요.

(1)
```
    1 0
+   4 0
─────────
```

(5)
```
    2 4
+   1 2
─────────
```

(2)
```
    1 0
+   7 2
─────────
```

(6)
```
    2 6
+   7 3
─────────
```

(3)
```
    1 8
+   5 1
─────────
```

(7)
```
    3 3
+   6 2
─────────
```

(4)
```
    2 0
+   3 0
─────────
```

(8)
```
    3 6
+   4 3
─────────
```

(9)
```
   1 3
 + 2 6
```

(13)
```
   2 3
 + 6 4
```

(10)
```
   1 2
 + 3 2
```

(14)
```
   3 1
 + 6 5
```

(11)
```
   2 7
 + 5 1
```

(15)
```
   3 4
 + 1 2
```

(12)
```
   2 0
 + 1 9
```

(16)
```
   3 2
 + 4 6
```

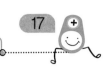

● 덧셈을 하세요.

(1)
```
    3 0
+   3 0
─────────
```

(5)
```
    3 6
+   6 3
─────────
```

(2)
```
    1 2
+   3 4
─────────
```

(6)
```
    1 3
+   7 2
─────────
```

(3)
```
    2 0
+   4 0
─────────
```

(7)
```
    3 0
+   2 7
─────────
```

(4)
```
    2 4
+   2 3
─────────
```

(8)
```
    2 2
+   5 6
─────────
```

(9)

|   | 2 | 5 |
|---|---|---|
| + | 5 | 3 |
|   |   |   |

(13)

|   | 1 | 1 |
|---|---|---|
| + | 5 | 5 |
|   |   |   |

(10)

|   | 2 | 4 |
|---|---|---|
| + | 6 | 1 |
|   |   |   |

(14)

|   | 3 | 3 |
|---|---|---|
| + | 6 | 5 |
|   |   |   |

(11)

|   | 1 | 6 |
|---|---|---|
| + | 4 | 0 |
|   |   |   |

(15)

|   | 1 | 2 |
|---|---|---|
| + | 3 | 7 |
|   |   |   |

(12)

|   | 3 | 5 |
|---|---|---|
| + | 2 | 4 |
|   |   |   |

(16)

|   | 3 | 4 |
|---|---|---|
| + | 4 | 3 |
|   |   |   |

**MC03** 받아올림이 없는 (두 자리 수)+(두 자리 수) (3)

● 덧셈을 하세요.

(1)
$$
\begin{array}{r}
4\ 0 \\
+\ 1\ 0 \\
\hline
\end{array}
$$

(5)
$$
\begin{array}{r}
4\ 4 \\
+\ 2\ 0 \\
\hline
\end{array}
$$

(2)
$$
\begin{array}{r}
4\ 0 \\
+\ 3\ 0 \\
\hline
\end{array}
$$

(6)
$$
\begin{array}{r}
4\ 6 \\
+\ 1\ 3 \\
\hline
\end{array}
$$

(3)
$$
\begin{array}{r}
4\ 8 \\
+\ 5\ 1 \\
\hline
\end{array}
$$

(7)
$$
\begin{array}{r}
4\ 3 \\
+\ 4\ 2 \\
\hline
\end{array}
$$

(4)
$$
\begin{array}{r}
4\ 2 \\
+\ 3\ 5 \\
\hline
\end{array}
$$

(8)
$$
\begin{array}{r}
4\ 1 \\
+\ 2\ 7 \\
\hline
\end{array}
$$

(9)
```
    4 7
+　3 2
─────────
```

(13)
```
    4 2
+　5 3
─────────
```

(10)
```
    4 8
+　2 1
─────────
```

(14)
```
    4 4
+　4 4
─────────
```

(11)
```
    4 3
+　1 2
─────────
```

(15)
```
    4 6
+　2 2
─────────
```

(12)
```
    4 4
+　3 3
─────────
```

(16)
```
    4 5
+　4 1
─────────
```

**MC03** 받아올림이 없는 (두 자리 수)+(두 자리 수) (3)

● 덧셈을 하세요.

(1)
```
   5 0
 + 2 0
```

(5)
```
   5 2
 + 3 6
```

(2)
```
   5 0
 + 3 0
```

(6)
```
   5 3
 + 1 5
```

(3)
```
   5 0
 + 4 3
```

(7)
```
   5 8
 + 2 1
```

(4)
```
   5 5
 + 1 2
```

(8)
```
   5 4
 + 4 2
```

(9)
```
    5 2
+   1 3
─────────
```

(13)
```
    5 5
+   3 3
─────────
```

(10)
```
    5 3
+   2 1
─────────
```

(14)
```
    5 4
+   1 2
─────────
```

(11)
```
    5 2
+   4 1
─────────
```

(15)
```
    5 7
+   3 2
─────────
```

(12)
```
    5 4
+   2 3
─────────
```

(16)
```
    5 6
+   4 0
─────────
```

**MC03** 받아올림이 없는 (두 자리 수) + (두 자리 수) (3)

● 덧셈을 하세요.

(1)
```
    6 0
+   2 0
─────────
```

(5)
```
    6 3
+   3 4
─────────
```

(2)
```
    6 0
+   3 0
─────────
```

(6)
```
    6 4
+   1 3
─────────
```

(3)
```
    6 8
+   1 1
─────────
```

(7)
```
    6 2
+   2 2
─────────
```

(4)
```
    6 1
+   3 3
─────────
```

(8)
```
    6 3
+   1 3
─────────
```

(9)
```
    7 0
+   1 0
───────
```

(13)
```
    8 3
+   1 3
───────
```

(10)
```
    7 4
+   1 5
───────
```

(14)
```
    8 4
+   1 2
───────
```

(11)
```
    7 6
+   2 1
───────
```

(15)
```
    8 0
+   1 5
───────
```

(12)
```
    7 1
+   2 4
───────
```

(16)
```
    8 2
+   1 1
───────
```

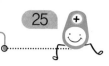

**MC03** 받아올림이 없는 (두 자리 수) + (두 자리 수) (3)

● 덧셈을 하세요.

(1)
```
   1 0
 + 8 0
```

(5)
```
   3 3
 + 4 1
```

(2)
```
   1 7
 + 7 0
```

(6)
```
   3 4
 + 5 3
```

(3)
```
   2 2
 + 6 2
```

(7)
```
   4 5
 + 4 0
```

(4)
```
   2 3
 + 5 2
```

(8)
```
   4 2
 + 4 7
```

(9)

```
    5 4
+   4 2
─────────
```

(13)

```
    7 3
+   1 1
─────────
```

(10)

```
    5 8
+   3 1
─────────
```

(14)

```
    7 6
+   2 2
─────────
```

(11)

```
    6 3
+   2 0
─────────
```

(15)

```
    8 1
+   1 8
─────────
```

(12)

```
    6 5
+   3 3
─────────
```

(16)

```
    8 2
+   1 5
─────────
```

**MC03** 받아올림이 없는 (두 자리 수)+(두 자리 수) (3)

● 덧셈을 하세요.

(1)
```
    2 0
+   1 3
────────
```

(5)
```
    2 4
+   6 1
────────
```

(2)
```
    7 0
+   2 5
────────
```

(6)
```
    8 2
+   1 6
────────
```
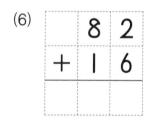

(3)
```
    5 4
+   2 4
────────
```

(7)
```
    6 8
+   2 1
────────
```
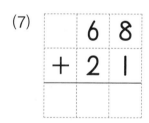

(4)
```
    1 2
+   7 3
────────
```

(8)
```
    4 0
+   4 1
────────
```
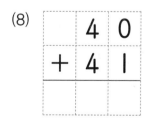

(9)
```
    1 6
+   2 3
─────────
```

(13)
```
    3 4
+   5 3
─────────
```

(10)
```
    2 1
+   6 6
─────────
```

(14)
```
    4 7
+   3 2
─────────
```

(11)
```
    6 3
+   1 3
─────────
```

(15)
```
    7 5
+   2 3
─────────
```

(12)
```
    2 2
+   2 1
─────────
```

(16)
```
    8 9
+   1 0
─────────
```

**MC03** 받아올림이 없는 (두 자리 수)+(두 자리 수) (3)

● 덧셈을 하세요.

(1)
```
   7 6
 + 1 0
```

(5)
```
   3 5
 + 5 1
```

(2)
```
   6 0
 + 2 1
```

(6)
```
   1 6
 + 4 2
```

(3)
```
   2 3
 + 5 4
```

(7)
```
   5 1
 + 3 7
```

(4)
```
   4 2
 + 3 3
```

(8)
```
   8 4
 + 1 2
```

(9)
```
    6 5
+   2 4
───────
```

(13)
```
    2 3
+   3 2
───────
```

(10)
```
    3 7
+   5 1
───────
```

(14)
```
    4 2
+   3 4
───────
```

(11)
```
    8 2
+   1 5
───────
```

(15)
```
    1 0
+   6 0
───────
```

(12)
```
    5 1
+   4 3
───────
```

(16)
```
    7 6
+   2 2
───────
```

**MC03** 받아올림이 없는 (두 자리 수)+(두 자리 수) (3)

● 덧셈을 하세요.

(1)
```
    3 0
+   1 4
─────────
```

(5)
```
    5 3
+   3 0
─────────
```

(2)
```
    2 5
+   1 0
─────────
```

(6)
```
    8 1
+   1 5
─────────
```

(3)
```
    4 5
+   4 3
─────────
```

(7)
```
    7 7
+   2 1
─────────
```

(4)
```
    6 4
+   1 4
─────────
```

(8)
```
    1 6
+   5 2
─────────
```

(9)
```
    4 6
+   5 2
-------
```

(13)
```
    6 5
+   3 3
-------
```

(10)
```
    2 3
+   3 2
-------
```

(14)
```
    5 4
+   2 4
-------
```

(11)
```
    3 7
+   4 1
-------
```

(15)
```
    7 1
+   1 2
-------
```

(12)
```
    8 8
+   1 0
-------
```

(16)
```
    1 2
+   6 5
-------
```

**MC03** 받아올림이 없는 (두 자리 수)+(두 자리 수) (3)

● 덧셈을 하세요.

(1)
```
    1 0
+   2 0
───────
```

(4)
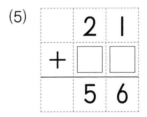
```
    1 0
+ □ □
───────
    3 0
```

(2)
```
    2 1
+   3 5
───────
```

(5)
```
    2 1
+ □ □
───────
    5 6
```

(3)
```
    3 2
+   1 4
───────
```

(6)
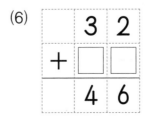
```
    3 2
+ □ □
───────
    4 6
```

(7)
$$\begin{array}{r} 5\ 3 \\ +\ 2\ 6 \\ \hline \phantom{00} \end{array}$$

(11)
$$\begin{array}{r} 5\ 3 \\ +\ \square\ \square \\ \hline 7\ 9 \end{array}$$

(8)
$$\begin{array}{r} 6\ 5 \\ +\ 1\ 2 \\ \hline \phantom{00} \end{array}$$

(12)
$$\begin{array}{r} 6\ 5 \\ +\ \square\ \square \\ \hline 7\ 7 \end{array}$$

(9)
$$\begin{array}{r} 7\ 3 \\ +\ 2\ 4 \\ \hline \phantom{00} \end{array}$$

(13)
$$\begin{array}{r} 7\ 4 \\ +\ \square\ \square \\ \hline 9\ 6 \end{array}$$

(10)
$$\begin{array}{r} 8\ 4 \\ +\ 1\ 1 \\ \hline \phantom{00} \end{array}$$

(14)
$$\begin{array}{r} 8\ 4 \\ +\ \square\ \square \\ \hline 9\ 5 \end{array}$$

**MC03** 받아올림이 없는 (두 자리 수)+(두 자리 수) (3)

● 덧셈을 하세요.

(1)
```
    2 3
  + 5 1
  ─────
```

(4)
```
    4 6
  + □ □
  ─────
    6 6
```

(2)
```
    4 6
  + 2 0
  ─────
```

(5)
```
    8 5
  + □ □
  ─────
    9 9
```

(3)
```
    8 5
  + 1 4
  ─────
```

(6)
```
    2 3
  + □ □
  ─────
    7 4
```

(7)
```
    7 2
  + 2 6
  ─────
```

(11)
```
    6 3
  + □ □
  ─────
    7 7
```

(8)
```
    6 3
  + 1 4
  ─────
```

(12)
```
    7 2
  + □ □
  ─────
    9 8
```

(9)
```
    3 0
  + 5 5
  ─────
```

(13)
```
    5 1
  + □ □
  ─────
    9 8
```

(10)
```
    5 1
  + 4 7
  ─────
```

(14)
```
    3 6
  + □ □
  ─────
    8 8
```

**MC03** 받아올림이 없는 (두 자리 수) + (두 자리 수) (3)

● 덧셈을 하세요.

(1)
```
    3 5
+   1 1
─────────
```

(4)
```
    4 3
+ □ □
─────────
    7 6
```

(2)
```
    7 2
+   2 4
─────────
```

(5)
```
    3 5
+ □ □
─────────
    4 6
```

(3)
```
    1 1
+ □ □
─────────
    4 1
```

(6)
```
    7 2
+ □ □
─────────
    9 6
```

(7)
```
    5 2
+   3 4
───────
```

(11)
```
    7 4
+   □ □
───────
    8 7
```

(8)
```
    2 1
+   2 7
───────
```

(12)
```
    5 2
+   □ □
───────
    8 6
```

(9)
```
    6 8
+   □ □
───────
    7 8
```

(13)
```
    1 5
+   □ □
───────
    4 9
```

(10)
```
    8 3
+   □ □
───────
    9 4
```

(14)
```
    2 1
+   □ □
───────
    4 8
```

MC03  받아올림이 없는 (두 자리 수) + (두 자리 수) (3)

● 덧셈을 하세요.

(1)
```
    2 3
+   4 5
─────────
```

(4)
```
    5 0
+ □ □
─────────
    6 9
```

(2)
```
    5 0
+   1 9
─────────
```

(5)
```
    1 2
+ □ □
─────────
    3 5
```

(3)
```
    6 6
+ □ □
─────────
    8 7
```

(6)
```
    2 3
+ □ □
─────────
    6 8
```

(7)
```
    8 3
+   1 6
-------
```

(11)
```
    6 8
+ □ □
-------
    8 9
```

(8)
```
    3 5
+   4 1
-------
```

(12)
```
    2 1
+ □ □
-------
    7 4
```

(9)
```
    7 0
+ □ □
-------
    8 5
```

(13)
```
    3 5
+ □ □
-------
    7 6
```

(10)
```
    4 4
+ □ □
-------
    5 8
```

(14)
```
    8 3
+ □ □
-------
    9 9
```

# 받아올림이 없는
# (두 자리 수)+(두 자리 수) (4)

4주차

| 요일 | 교재 번호 | 학습한 날짜 | | 확인 |
|------|-----------|-------------|---|------|
| 1일차(월) | 01~08 | 월 | 일 | |
| 2일차(화) | 09~16 | 월 | 일 | |
| 3일차(수) | 17~24 | 월 | 일 | |
| 4일차(목) | 25~32 | 월 | 일 | |
| 5일차(금) | 33~40 | 월 | 일 | |

● 덧셈을 하세요.

(1)
```
    7 0
+   2 5
-------
```

(5)
```
    8 3
+   1 5
-------
```

(2)
```
    7 4
+   1 1
-------
```

(6)
```
    8 6
+   1 2
-------
```

(3)
```
    7 2
+   2 4
-------
```

(7)
```
    8 7
+   1 0
-------
```

(4)
```
    7 5
+   1 3
-------
```

(8)
```
    8 1
+   1 8
-------
```

(9)

```
    8 3
+ | 2
```

(13)

```
    7 2
+ | 4
```

(10)

```
    7 5
+ 2 3
```

(14)

```
    8 0
+ | 9
```

(11)

```
    8 |
+ | 7
```

(15)

```
    7 4
+ | 5
```

(12)

```
    7 6
+ 2 |
```

(16)

```
    8 2
+ | 6
```

**MC04** 받아올림이 없는 (두 자리 수)+(두 자리 수) (4)

● 덧셈을 하세요.

(1)
```
    1 5
+   1 4
─────────
```

(5)
```
    3 0
+   2 7
─────────
```

(2)
```
    1 2
+   3 5
─────────
```

(6)
```
    3 2
+   1 2
─────────
```

(3)
```
    2 3
+   5 1
─────────
```

(7)
```
    4 1
+   1 2
─────────
```

(4)
```
    2 4
+   4 4
─────────
```

(8)
```
    4 2
+   2 3
─────────
```

(9)

```
   3 4
 + 1 1
```

(13)

```
   2 6
 + 3 1
```

(10)

```
   3 1
 + 5 7
```

(14)

```
   2 2
 + 1 0
```

(11)

```
   1 2
 + 6 2
```

(15)

```
   4 3
 + 3 6
```

(12)

```
   1 3
 + 2 4
```

(16)

```
   4 5
 + 5 4
```

● 덧셈을 하세요.

(1)
```
    1 1
+   1 7
```

(5)
```
    4 6
+   2 1
```

(2)
```
    4 3
+   3 2
```

(6)
```
    2 5
+   4 3
```

(3)
```
    3 2
+   5 5
```

(7)
```
    3 7
+   6 0
```

(4)
```
    2 8
+   4 1
```

(8)
```
    1 4
+   7 3
```

(9)
```
    3 2
+   2 6
─────────
```

(13)
```
    1 4
+   5 3
─────────
```

(10)
```
    4 5
+   1 2
─────────
```

(14)
```
    2 3
+   2 4
─────────
```

(11)
```
    1 6
+   7 3
─────────
```

(15)
```
    3 1
+   3 5
─────────
```

(12)
```
    2 7
+   6 1
─────────
```

(16)
```
    4 0
+   5 7
─────────
```

**MC04** 받아올림이 없는 (두 자리 수)+(두 자리 수) (4)

● 덧셈을 하세요.

(1)
```
    1 5
  + 8 1
  ─────
```

(5)
```
    3 3
  + 4 2
  ─────
```

(2)
```
    2 4
  + 1 3
  ─────
```

(6)
```
    4 2
  + 5 0
  ─────
```

(3)
```
    4 1
  + 4 7
  ─────
```

(7)
```
    1 8
  + 2 1
  ─────
```

(4)
```
    3 6
  + 5 2
  ─────
```

(8)
```
    2 7
  + 3 2
  ─────
```

(9)
```
   3 5
 + 2 2
 ─────
```

(13)
```
   4 3
 + 1 4
 ─────
```

(10)
```
   2 1
 + 4 1
 ─────
```

(14)
```
   2 9
 + 5 0
 ─────
```

(11)
```
   1 6
 + 6 3
 ─────
```

(15)
```
   3 1
 + 5 5
 ─────
```

(12)
```
   4 5
 + 3 2
 ─────
```

(16)
```
   1 4
 + 2 3
 ─────
```

**MC04** 받아올림이 없는 (두 자리 수)+(두 자리 수) (4)

● 덧셈을 하세요.

(1)
$$\begin{array}{r} 2\ 2 \\ +\ 4\ 3 \\ \hline \end{array}$$

(5)
$$\begin{array}{r} 3\ 5 \\ +\ 5\ 2 \\ \hline \end{array}$$

(2)
$$\begin{array}{r} 1\ 3 \\ +\ 3\ 5 \\ \hline \end{array}$$

(6)
$$\begin{array}{r} 2\ 1 \\ +\ 7\ 8 \\ \hline \end{array}$$

(3)
$$\begin{array}{r} 4\ 6 \\ +\ 2\ 0 \\ \hline \end{array}$$

(7)
$$\begin{array}{r} 1\ 4 \\ +\ 6\ 3 \\ \hline \end{array}$$

(4)
$$\begin{array}{r} 3\ 8 \\ +\ 1\ 1 \\ \hline \end{array}$$

(8)
$$\begin{array}{r} 4\ 7 \\ +\ 3\ 2 \\ \hline \end{array}$$

(9)
```
    4 2
+   1 6
───────
```

(13)
```
    2 3
+   6 2
───────
```

(10)
```
    3 1
+   5 4
───────
```

(14)
```
    1 6
+   4 3
───────
```

(11)
```
    2 0
+   7 7
───────
```

(15)
```
    3 7
+   2 1
───────
```

(12)
```
    1 5
+   4 1
───────
```

(16)
```
    4 6
+   3 2
───────
```

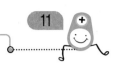

**MC04** 받아올림이 없는 (두 자리 수)+(두 자리 수) (4)

● 덧셈을 하세요.

(1)
```
    5 5
+   3 2
```

(5)
```
    6 2
+   3 1
```

(2)
```
    5 3
+   1 3
```

(6)
```
    7 2
+   2 6
```

(3)
```
    5 1
+   2 4
```

(7)
```
    7 3
+   1 3
```

(4)
```
    6 4
+   2 2
```

(8)
```
    8 0
+   1 4
```

(9)
```
    7 4
+   2 4
─────────
```

(13)
```
    6 7
+   1 2
─────────
```

(10)
```
    7 5
+   1 2
─────────
```

(14)
```
    6 0
+   3 6
─────────
```

(11)
```
    5 3
+   4 4
─────────
```

(15)
```
    6 5
+   2 3
─────────
```

(12)
```
    5 2
+   2 3
─────────
```

(16)
```
    8 4
+   1 1
─────────
```

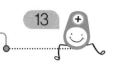

**MC04** 받아올림이 없는 (두 자리 수)+(두 자리 수) (4)

● 덧셈을 하세요.

(1)
```
    5 1
+   1 4
─────────
```

(5)
```
    6 4
+   3 5
─────────
```

(2)
```
    6 5
+   2 2
─────────
```

(6)
```
    7 2
+   2 4
─────────
```

(3)
```
    7 0
+   1 8
─────────
```

(7)
```
    8 7
+   1 1
─────────
```

(4)
```
    8 6
+   1 2
─────────
```

(8)
```
    5 3
+   3 6
─────────
```

(9)

```
   7 2
+  2 5
───────
```

(13)

```
   5 5
+  3 4
───────
```

(10)

```
   8 7
+  1 2
───────
```

(14)

```
   6 8
+  2 1
───────
```

(11)

```
   5 6
+  3 1
───────
```

(15)

```
   8 1
+  1 6
───────
```

(12)

```
   6 3
+  2 5
───────
```

(16)

```
   7 4
+  1 3
───────
```

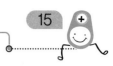

**MC04** 받아올림이 없는 (두 자리 수)+(두 자리 수) (4)

● 덧셈을 하세요.

(1)
```
    8 3
+   1 4
───────
```

(5)
```
    7 0
+   2 6
───────
```

(2)
```
    5 6
+   3 3
───────
```

(6)
```
    8 8
+   1 0
───────
```

(3)
```
    7 5
+   1 4
───────
```

(7)
```
    6 7
+   2 2
───────
```

(4)
```
    6 2
+   1 6
───────
```

(8)
```
    5 1
+   2 8
───────
```

(9)
```
    6 4
 +  2 3
 ───────
```

(13)
```
    8 2
 +  1 5
 ───────
```

(10)
```
    8 6
 +  1 3
 ───────
```

(14)
```
    5 4
 +  3 4
 ───────
```

(11)
```
    5 3
 +  2 4
 ───────
```

(15)
```
    6 1
 +  1 8
 ───────
```

(12)
```
    7 0
 +  2 8
 ───────
```

(16)
```
    7 7
 +  1 2
 ───────
```

**MC04** 받아올림이 없는 (두 자리 수)+(두 자리 수) (4)

● 덧셈을 하세요.

(1)
```
   1 3
 + 2 3
```

(5)
```
   2 2
 + 1 4
```

(2)
```
   1 4
 + 4 1
```

(6)
```
   2 7
 + 5 2
```

(3)
```
   1 5
 + 1 2
```

(7)
```
   3 2
 + 1 1
```

(4)
```
   2 0
 + 3 0
```

(8)
```
   3 6
 + 3 2
```

(9)
```
    4 4
+   2 3
─────────
```

(13)
```
    6 3
+   2 2
─────────
```

(10)
```
    4 2
+   3 2
─────────
```

(14)
```
    6 5
+   2 1
─────────
```

(11)
```
    5 2
+   4 5
─────────
```

(15)
```
    7 2
+   2 4
─────────
```

(12)
```
    5 0
+   1 3
─────────
```

(16)
```
    8 1
+   1 3
─────────
```

**MC04** 받아올림이 없는 (두 자리 수)+(두 자리 수) (4)

● 덧셈을 하세요.

(1)
```
    1 0
+   3 0
-------
```

(5)
```
    5 4
+   4 3
-------
```

(2)
```
    2 1
+   1 5
-------
```

(6)
```
    6 1
+   1 1
-------
```

(3)
```
    3 6
+   4 1
-------
```

(7)
```
    7 3
+   2 3
-------
```

(4)
```
    4 3
+   2 2
-------
```

(8)
```
    8 5
+   1 4
-------
```

(9)
```
    7 2
 +  1 3
 ───────
```

(13)
```
    5 0
 +  2 3
 ───────
```

(10)
```
    1 1
 +  4 8
 ───────
```

(14)
```
    8 2
 +  1 2
 ───────
```

(11)
```
    6 5
 +  3 2
 ───────
```

(15)
```
    2 1
 +  3 5
 ───────
```

(12)
```
    4 4
 +  2 5
 ───────
```

(16)
```
    3 4
 +  5 4
 ───────
```

**MC04** 받아올림이 없는 (두 자리 수)+(두 자리 수) (4)

● 덧셈을 하세요.

(1)
```
    5 6
+   3 3
─────────
```

(5)
```
    6 3
+   2 5
─────────
```

(2)
```
    8 2
+   1 6
─────────
```

(6)
```
    7 5
+   1 3
─────────
```

(3)
```
    6 1
+   2 6
─────────
```

(7)
```
    8 4
+   1 5
─────────
```

(4)
```
    7 7
+   2 1
─────────
```

(8)
```
    5 2
+   4 4
─────────
```

(9)

```
    7 1
+   2 8
-------
```

(13)

```
    8 3
+   1 4
-------
```

(10)

```
    6 4
+   1 3
-------
```

(14)

```
    5 0
+   3 9
-------
```

(11)

```
    5 3
+   2 4
-------
```

(15)

```
    6 2
+   2 7
-------
```

(12)

```
    8 6
+   1 1
-------
```

(16)

```
    7 4
+   1 5
-------
```

**MC04** 받아올림이 없는 (두 자리 수)+(두 자리 수)(4)

● 덧셈을 하세요.

(1)
```
  1 5
+ 4 2
―――
```

(5)
```
  6 7
+ 3 1
―――
```

(2)
```
  5 4
+ 2 5
―――
```

(6)
```
  2 8
+ 5 0
―――
```

(3)
```
  3 6
+ 3 3
―――
```

(7)
```
  7 1
+ 2 6
―――
```

(4)
```
  8 2
+ 1 4
―――
```

(8)
```
  4 3
+ 3 5
―――
```

(9)
```
    5 6
 +  3 2
 ───────
```

(13)
```
    4 1
 +  2 6
 ───────
```

(10)
```
    7 3
 +  1 5
 ───────
```

(14)
```
    8 2
 +  1 3
 ───────
```

(11)
```
    2 0
 +  4 8
 ───────
```

(15)
```
    1 4
 +  7 2
 ───────
```

(12)
```
    3 5
 +  5 4
 ───────
```

(16)
```
    6 3
 +  2 1
 ───────
```

**MC04** 받아올림이 없는 (두 자리 수)+(두 자리 수) (4)

25

● 덧셈을 하세요.

(1)
$$
\begin{array}{r}
1\ 5 \\
+\ 3\ 1 \\
\hline
\end{array}
$$

(5)
$$
\begin{array}{r}
3\ 1 \\
+\ 1\ 7 \\
\hline
\end{array}
$$

(2)
$$
\begin{array}{r}
1\ 2 \\
+\ 2\ 3 \\
\hline
\end{array}
$$

(6)
$$
\begin{array}{r}
3\ 3 \\
+\ 3\ 4 \\
\hline
\end{array}
$$

(3)
$$
\begin{array}{r}
2\ 0 \\
+\ 5\ 0 \\
\hline
\end{array}
$$

(7)
$$
\begin{array}{r}
4\ 5 \\
+\ 2\ 3 \\
\hline
\end{array}
$$

(4)
$$
\begin{array}{r}
2\ 4 \\
+\ 4\ 2 \\
\hline
\end{array}
$$

(8)
$$
\begin{array}{r}
4\ 1 \\
+\ 5\ 1 \\
\hline
\end{array}
$$

(9)
```
    5 7
 +  2 1
```

(13)
```
    7 2
 +  1 2
```

(10)
```
    5 1
 +  1 4
```

(14)
```
    7 4
 +  2 3
```

(11)
```
    6 3
 +  3 2
```

(15)
```
    8 2
 +  1 1
```

(12)
```
    6 5
 +  2 3
```

(16)
```
    8 6
 +  1 3
```

**MC04** 받아올림이 없는 (두 자리 수)+(두 자리 수) (4)

● 덧셈을 하세요.

(1)
```
    1 6
+   4 1
─────────
```

(4)
```
    1 6
+   4 1
─────────
    5 7
```

(2)
```
    1 2
+   3 4
─────────
```

(5)
```
    1 2
+   3 4
─────────
    4 6
```

(3)
```
    2 7
+   1 2
─────────
```

(6)
```
    2 7
+   □ □
─────────
    3 9
```

(7)

|   | 1 | 5 |
|---|---|---|
| + | 1 | 3 |
|   |   |   |

(11)

|   | 1 | 5 |
|---|---|---|
| + | ☐ | ☐ |
|   | 2 | 8 |

(8)

|   | 1 | 3 |
|---|---|---|
| + | 5 | 0 |
|   |   |   |

(12)

|   | 1 | 3 |
|---|---|---|
| + | ☐ | ☐ |
|   | 6 | 3 |

(9)

|   | 2 | 2 |
|---|---|---|
| + | 2 | 5 |
|   |   |   |

(13)

|   | 2 | 2 |
|---|---|---|
| + | ☐ | ☐ |
|   | 4 | 7 |

(10)

|   | 2 | 4 |
|---|---|---|
| + | 3 | 1 |
|   |   |   |

(14)

|   | 2 | 4 |
|---|---|---|
| + | ☐ | ☐ |
|   | 5 | 5 |

**MC04** 받아올림이 없는 (두 자리 수)+(두 자리 수) (4)

● 덧셈을 하세요.

(1)
```
    3 5
  + 4 3
  ─────
```

(4)
```
    3 5
  + □ □
  ─────
    7 8
```

(2)
```
    3 1
  + 1 2
  ─────
```

(5)
```
    3 1
  + □ □
  ─────
    4 3
```

(3)
```
    4 7
  + 3 0
  ─────
```

(6)
```
    4 7
  + □ □
  ─────
    7 7
```

(7)
```
    3 4
 +  2 5
 ───────
```

(11)
```
    3 4
 +  □ □
 ───────
    5 9
```

(8)
```
    3 2
 +  3 2
 ───────
```

(12)
```
    3 2
 +  □ □
 ───────
    6 4
```

(9)
```
    4 1
 +  2 5
 ───────
```

(13)
```
    4 1
 +  □ □
 ───────
    6 6
```

(10)
```
    4 4
 +  1 3
 ───────
```

(14)
```
    4 4
 +  □ □
 ───────
    5 7
```

**MC04** 받아올림이 없는 (두 자리 수)+(두 자리 수) (4)

● 덧셈을 하세요.

(1)
```
    5 3
+   1 6
─────────
```

(4)
```
    5 3
+ □ □
─────────
    6 9
```

(2)
```
    5 5
+   3 1
─────────
```

(5)
```
    5 5
+ □ □
─────────
    8 6
```

(3)
```
    7 2
+   1 4
─────────
```

(6)
```
    7 2
+ □ □
─────────
    8 6
```

(7)
```
    6 0
 +  2 0
 ───────
```

(11)
```
    6 0
 + □ □
 ───────
    8 0
```

(8)
```
    6 2
 +  1 5
 ───────
```

(12)
```
    6 2
 + □ □
 ───────
    7 7
```

(9)
```
    7 4
 +  1 2
 ───────
```

(13)
```
    7 4
 + □ □
 ───────
    8 6
```

(10)
```
    8 3
 +  1 1
 ───────
```

(14)
```
    8 3
 + □ □
 ───────
    9 4
```

MC04 받아올림이 없는 (두 자리 수)+(두 자리 수) (4)

● 덧셈을 하세요.

(1)
```
    1 4
  + 3 3
  -----
```

(4)
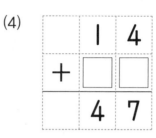

```
    1 4
  + □ □
  -----
    4 7
```

(2)
```
    2 1
  + 2 5
  -----
```

(5)
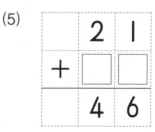

```
    2 1
  + □ □
  -----
    4 6
```

(3)
```
    3 2
  + 1 6
  -----
```

(6)
```
    3 2
  + □ □
  -----
    4 8
```

(7)
```
    4 1
+   2 2
---------
```

(11)
```
    4 1
+   □ □
---------
    6 3
```

(8)
```
    5 2
+   2 4
---------
```

(12)
```
    5 2
+   □ □
---------
    7 6
```

(9)
```
    6 4
+   1 3
---------
```

(13)
```
    6 4
+   □ □
---------
    7 7
```

(10)
```
    7 3
+   1 5
---------
```

(14)
```
    7 3
+   □ □
---------
    8 8
```

**MC04** 받아올림이 없는 (두 자리 수)+(두 자리 수) (4)

● 덧셈을 하세요.

(1)
```
    1 0
 +  2 1
 ───────
```

(4)
```
    1 0
 +  □ □
 ───────
    3 1
```

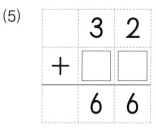

(2)
```
    2 6
 +  1 3
 ───────
```

(5)
```
    3 2
 +  □ □
 ───────
    6 6
```

(3)
```
    3 2
 +  3 4
 ───────
```

(6)
```
    2 6
 +  □ □
 ───────
    3 9
```

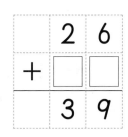

(7)
```
    4 1
+   1 7
```

(11)
```
    7 7
+ □ □
    8 9
```

(8)
```
    5 1
+   2 6
```

(12)
```
    6 2
+ □ □
    8 5
```

(9)
```
    6 2
+   2 3
```

(13)
```
    5 1
+ □ □
    7 7
```

(10)
```
    7 7
+   1 2
```

(14)
```
    4 1
+ □ □
    5 8
```

● 덧셈을 하세요.

(1)
```
    1 6
 + 3 2
 ─────
```

(4)
```
    3 3
 + □ □
 ─────
    7 6
```

(2)
```
    2 4
 + 2 1
 ─────
```

(5)
```
    2 4
 + □ □
 ─────
    4 5
```

(3)
```
    1 6
 + □ □
 ─────
    4 8
```

(6)
```
    4 2
 + □ □
 ─────
    5 6
```

(7)

```
    4 5
+   1 2
─────────
```

(11)

```
    4 5
+ □ □
─────────
    5 7
```

(8)

```
    5 2
+   3 1
─────────
```

(12)

```
    6 4
+ □ □
─────────
    7 7
```

(9)

```
    7 5
+ □ □
─────────
    8 9
```

(13)

```
    5 2
+ □ □
─────────
    8 3
```

(10)

```
    1 1
+ □ □
─────────
    4 6
```

(14)

```
    8 2
+ □ □
─────────
    9 4
```

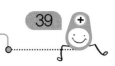

**MC04** 받아올림이 없는 (두 자리 수)+(두 자리 수) (4)

● 덧셈을 하세요.

(1)
```
    4 0
+   1 7
─────────
```

(4)
```
    3 5
+ □ □
─────────
    5 9
```

(2)
```
    6 3
+   2 1
─────────
```

(5)
```
    4 0
+ □ □
─────────
    5 7
```

(3)
```
    2 4
+ □ □
─────────
    4 8
```

(6)
```
    6 3
+ □ □
─────────
    8 4
```

(7)
```
    5 0
  + 2 5
  ──────
```

(11)
```
    2 1
  + □ □
  ──────
    8 4
```

(8)
```
    1 6
  + 3 3
  ──────
```

(12)
```
    7 2
  + □ □
  ──────
    9 6
```

(9)
```
    4 3
  + □ □
  ──────
    7 5
```

(13)
```
    1 6
  + □ □
  ──────
    4 9
```

(10)
```
    3 5
  + □ □
  ──────
    8 8
```

(14)
```
    5 0
  + □ □
  ──────
    7 5
```

학교 연산 대비하자

# 연산 UP

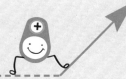

● 덧셈을 하시오.

(1)
```
    1 3
  + 1 4
  ─────
```

(5)
```
    3 4
  + 4 2
  ─────
```

(2)
```
    2 5
  + 3 0
  ─────
```

(6)
```
    5 1
  + 1 3
  ─────
```

(3)
```
    2 4
  + 2 5
  ─────
```

(7)
```
    4 2
  + 3 2
  ─────
```

(4)
```
    4 1
  + 1 6
  ─────
```

(8)
```
    2 6
  + 6 1
  ─────
```

(9)
```
    1 6
+   2 3
---------
```

(13)
```
    5 2
+   2 3
---------
```

(10)
```
    2 4
+   3 2
---------
```

(14)
```
    3 4
+   3 1
---------
```

(11)
```
    4 5
+   2 3
---------
```

(15)
```
    6 1
+   2 5
---------
```

(12)
```
    3 2
+   1 7
---------
```

(16)
```
    1 9
+   7 0
---------
```

● 덧셈을 하시오.

(1)

```
    2 5
  + 1 2
  ─────
```

(2)

```
    1 8
  + 3 1
  ─────
```

(3)

```
    2 1
  + 4 3
  ─────
```

(4)

```
    4 2
  + 4 4
  ─────
```

(5)

```
    3 4
  + 2 5
  ─────
```

(6)

```
    5 2
  + 1 6
  ─────
```

(7)

```
    6 5
  + 3 3
  ─────
```

(8)

```
    1 3
  + 4 3
  ─────
```

(9)

|   | 2 | 1 |
|---|---|---|
| + | 2 | 4 |
|   |   |   |

(13)

|   | 3 | 4 |
|---|---|---|
| + | 5 | 3 |
|   |   |   |

(10)

|   | 1 | 2 |
|---|---|---|
| + | 6 | 7 |
|   |   |   |

(14)

|   | 4 | 3 |
|---|---|---|
| + | 2 | 6 |
|   |   |   |

(11)

|   | 3 | 3 |
|---|---|---|
| + | 1 | 3 |
|   |   |   |

(15)

|   | 1 | 1 |
|---|---|---|
| + | 7 | 3 |
|   |   |   |

(12)

|   | 4 | 2 |
|---|---|---|
| + | 5 | 2 |
|   |   |   |

(16)

|   | 2 | 6 |
|---|---|---|
| + | 5 | 2 |
|   |   |   |

● 덧셈을 하시오.

(1)
```
    1 6
+   3 3
─────────
```

(5)
```
    5 3
+   3 4
─────────
```

(2)
```
    2 2
+   1 4
─────────
```

(6)
```
    6 1
+   1 7
─────────
```

(3)
```
    3 4
+   4 1
─────────
```

(7)
```
    4 3
+   1 5
─────────
```

(4)
```
    4 8
+   1 1
─────────
```

(8)
```
    1 5
+   7 4
─────────
```

(9)

```
    1 6
+   1 3
─────────
```

(13)

```
    4 1
+   2 3
─────────
```

(10)

```
    3 2
+   1 4
─────────
```

(14)

```
    2 0
+   6 8
─────────
```

(11)

```
    2 5
+   5 1
─────────
```

(15)

```
    3 7
+   3 2
─────────
```

(12)

```
    5 3
+   1 4
─────────
```

(16)

```
    7 1
+   2 8
─────────
```

● 빈 곳에 알맞은 수를 써넣으시오.

(1)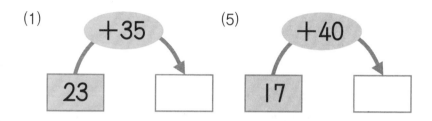

(2)

(3)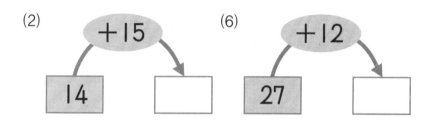

(4)

(5)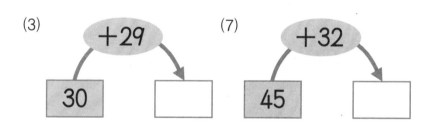

(6)

(7)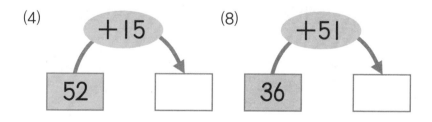

(8)

(9)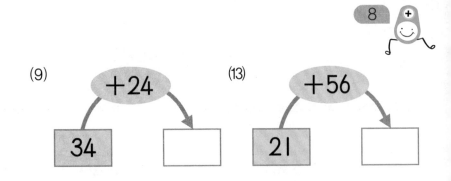

(13)

(10)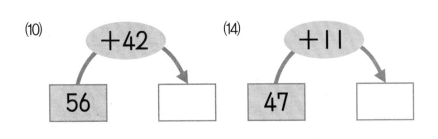

(14)

(11)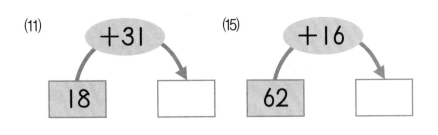

(15)

(12)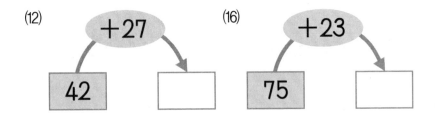

(16)

● 두 수의 합을 빈 곳에 써넣으시오.

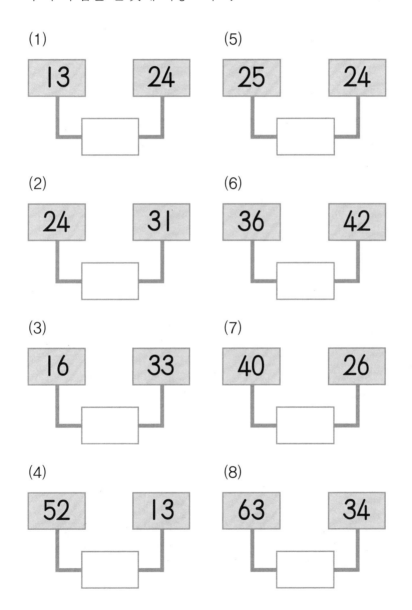

(1)

```
13        24
    [    ]
```

(2)

```
24        31
    [    ]
```

(3)

```
16        33
    [    ]
```

(4)

```
52        13
    [    ]
```

(5)

```
25        24
    [    ]
```

(6)

```
36        42
    [    ]
```

(7)

```
40        26
    [    ]
```

(8)

```
63        34
    [    ]
```

(9)

| 17 | | 21 |
|----|--|----|

(13)

| 52 | | 25 |
|----|--|----|

(10)

| 34 | | 13 |
|----|--|----|

(14)

| 32 | | 37 |
|----|--|----|

(11)

| 41 | | 48 |
|----|--|----|

(15)

| 25 | | 61 |
|----|--|----|

(12)

| 23 | | 34 |
|----|--|----|

(16)

| 82 | | 14 |
|----|--|----|

● 빈 곳에 알맞은 수를 써넣으시오.

(1)

| + → | | |
|---|---|---|
| 16 | 12 | |
| 30 | 27 | |
| | | |

(3)

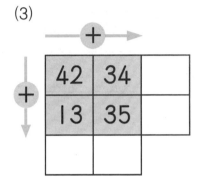

(2)

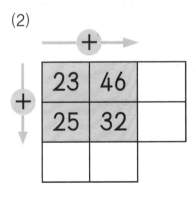

(4)

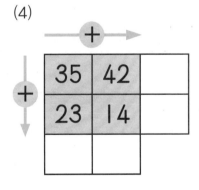

(5)

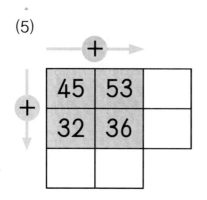

(7)

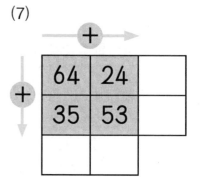

(6)

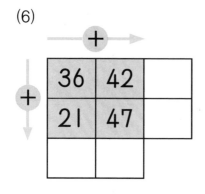

(8)

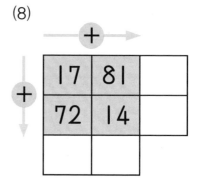

● 다음을 읽고 물음에 답하시오.

(1) 혜수는 우표를 30장 가지고 있습니다. 오늘 12장의 우표를 샀습니다. 혜수가 가지고 있는 우표는 모두 몇 장입니까?

(                    )

(2) 예린이는 위인전을 45권 가지고 있고, 동화책은 위인전보다 20권 더 많이 가지고 있습니다. 예린이가 가지고 있는 동화책은 모두 몇 권입니까?

(                    )

(3) 하영이네 반은 남학생이 14명이고, 여학생이 13명입니다. 하영이네 반 학생은 모두 몇 명입니까?

(                    )

(4) 성민이는 연필을 16자루 가지고 있고, 준서는 성민이보다 12자루 더 가지고 있습니다. 준서가 가지고 있는 연필은 모두 몇 자루입니까?

(                    )

(5) 빨간 색종이는 21장, 노란 색종이는 43장입니다. 색종이는 모두 몇 장입니까?

(                    )

(6) 주원이네 학교 남자 선생님은 13명, 여자 선생님은 34명입니다. 주원이네 학교 선생님은 모두 몇 명입니까?

(                    )

● 다음을 읽고 물음에 답하시오.

(1) 종민이는 딱지를 **24**장 가지고 있습니다. 형에게서
    1**4**장을 더 받았습니다. 종민이가 가지고 있는 딱지
    는 모두 몇 장이 되었습니까?

                                        (                    )

(2) 인형 가게에 토끼 인형 1**7**개, 강아지 인형 **22**개가
    있습니다. 인형 가게에 있는 인형은 모두 몇 개입니
    까?

                                        (                    )

(3) 수민이는 동화책을 어제는 **42**쪽을 읽었고, 오늘은
    **23**쪽을 읽었습니다. 수민이가 어제와 오늘 읽은 동
    화책은 모두 몇 쪽입니까?

                                        (                    )

(4) 제과점에서 한 번에 크림빵을 **42**개, 단팥 빵을 **26**개 구웠습니다. 이 제과점에서 한 번에 구운 크림빵과 단팥 빵은 모두 몇 개입니까?

(          )

(5) 운동장에서 운동을 하고 있는 학생 중 안경을 쓴 어린이는 **32**명, 안경을 쓰지 않은 어린이는 **25**명입니다. 운동장에서 운동을 하고 있는 학생은 모두 몇 명입니까?

(          )

(6) 상자에 빨간 구슬이 **54**개, 파란 구슬이 **32**개 들어 있습니다. 상자에 들어 있는 구슬은 모두 몇 개입니까?

(          )

# 정 답

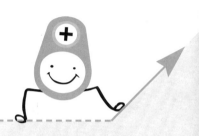

| 1 | 2 | 3 | 4 | 5 | 6 | 7 | 8 |
|---|---|---|---|---|---|---|---|
| (1) 15 | (5) 39 | (1) 20 | (5) 27 | (1) 50 | (5) 67 | (1) 35 | (5) 73 |
| (2) 17 | (6) 38 | (2) 33 | (6) 66 | (2) 47 | (6) 56 | (2) 67 | (6) 68 |
| (3) 27 | (7) 48 | (3) 44 | (7) 36 | (3) 54 | (7) 67 | (3) 49 | (7) 76 |
| (4) 28 | (8) 56 | (4) 35 | (8) 78 | (4) 64 | (8) 55 | (4) 74 | (8) 48 |

| 9 | 10 | 11 | 12 | 13 | 14 | 15 | 16 |
|---|---|---|---|---|---|---|---|
| (1) 2, 22 | (5) 6, 46 | (1) 40, 47 | (6) 30, 38 | (1) 50, 3, 53 | (6) 70, 5, 75 | (1) 90, 6, 96 | (6) 60, 6, 66 |
| (2) 5, 25 | (6) 8, 58 | (2) 20, 28 | (7) 50, 58 | (2) 60, 7, 67 | (7) 90, 8, 98 | (2) 50, 9, 59 | (7) 80, 9, 89 |
| (3) 3, 43 | (7) 7, 57 | (3) 40, 44 | (8) 60, 65 | (3) 80, 4, 84 | (8) 60, 5, 65 | (3) 70, 8, 78 | (8) 90, 8, 98 |
| (4) 7, 37 | (8) 4, 34 | (4) 80, 86 | (9) 80, 89 | (4) 70, 3, 73 | (9) 90, 4, 94 | (4) 90, 6, 96 | (9) 60, 7, 67 |
| | (9) 7, 57 | (5) 70, 75 | (10) 50, 57 | (5) 70, 9, 79 | (10) 80, 9, 89 | (5) 80, 4, 84 | (10) 90, 6, 96 |
| | (10) 9, 79 | | (11) 40, 46 | | (11) 90, 5, 95 | | (11) 70, 9, 79 |

| 17 | 18 | 19 | 20 | 21 | 22 | 23 | 24 |
|---|---|---|---|---|---|---|---|
| (1) 50, 57 | (6) 4, 84 | (1) 6, 30, 36 | (6) 9, 90, 99 | (1) 28 | (9) 83 | (1) 79 | (9) 39 |
| (2) 30, 38 | (7) 8, 88 | (2) 5, 70, 75 | (7) 6, 60, 66 | (2) 32 | (10) 57 | (2) 38 | (10) 68 |
| (3) 40, 49 | (8) 9, 99 | (3) 9, 60, 69 | (8) 6, 40, 46 | (3) 37 | (11) 55 | (3) 38 | (11) 55 |
| (4) 60, 65 | (9) 5, 55 | (4) 6, 90, 96 | (9) 7, 70, 77 | (4) 35 | (12) 80 | (4) 45 | (12) 58 |
| (5) 80, 87 | (10) 9, 59 | (5) 5, 80, 85 | (10) 8, 60, 68 | (5) 38 | (13) 59 | (5) 77 | (13) 87 |
|  | (11) 4, 74 |  | (11) 8, 90, 98 | (6) 75 | (14) 44 | (6) 68 | (14) 68 |
|  |  |  |  | (7) 49 | (15) 57 | (7) 49 | (15) 49 |
|  |  |  |  | (8) 67 | (16) 54 | (8) 46 | (16) 87 |
|  |  |  |  |  | (17) 68 |  | (17) 54 |

| 25 | 26 | 27 | 28 | 29 | 30 | 31 | 32 |
|---|---|---|---|---|---|---|---|
| (1) 56 | (9) 47 | (1) 60 | (9) 77 | (1) 58 | (9) 87 | (1) 90 | (9) 98 |
| (2) 37 | (10) 59 | (2) 66 | (10) 78 | (2) 77 | (10) 64 | (2) 99 | (10) 93 |
| (3) 55 | (11) 36 | (3) 85 | (11) 83 | (3) 98 | (11) 69 | (3) 86 | (11) 97 |
| (4) 77 | (12) 67 | (4) 67 | (12) 97 | (4) 78 | (12) 68 | (4) 87 | (12) 95 |
| (5) 60 | (13) 36 | (5) 68 | (13) 77 | (5) 75 | (13) 87 | (5) 94 | (13) 87 |
| (6) 49 | (14) 88 | (6) 85 | (14) 79 | (6) 78 | (14) 86 | (6) 98 | (14) 88 |
| (7) 54 | (15) 48 | (7) 89 | (15) 78 | (7) 78 | (15) 89 | (7) 97 | (15) 96 |
| (8) 47 | (16) 75 | (8) 89 | (16) 56 | (8) 89 | (16) 98 | (8) 95 | (16) 99 |
|  | (17) 69 |  | (17) 95 |  | (17) 97 |  | (17) 98 |

## MC01

| 33 | 34 | 35 | 36 | 37 | 38 | 39 | 40 |
|---|---|---|---|---|---|---|---|
| 1) 25 | (9) 48 | (1) 55 | (9) 65 | 36, 37, | 22, 55, | 45, 47, | 65, 75, |
| 2) 25 | (10) 48 | (2) 73 | (10) 58 | 36, 47, | 55, 66, | 45, 48, | 80, 85, |
| 3) 29 | (11) 60 | (3) 79 | (11) 66 | 56, 57, | 44, 77, | 50, 57, | 75, 85, |
| 4) 41 | (12) 62 | (4) 68 | (12) 78 | 56, 57, | 55, 66, | 55, 58, | 90, 85, |
| 5) 38 | (13) 69 | (5) 81 | (13) 95 | 67, 76, | 88, 99 | 63, 65, | 95, 90, |
| 6) 38 | (14) 80 | (6) 76 | (14) 84 | 86, 87 | | 65, 68 | 95 |
| 7) 38 | (15) 80 | (7) 86 | (15) 89 | | | | |
| 8) 46 | (16) 54 | (8) 92 | (16) 96 | | | | |
| | (17) 57 | | (17) 97 | | | | |

## MC02

| 1 | 2 | 3 | 4 | 5 | 6 | 7 | 8 |
|---|---|---|---|---|---|---|---|
| 1) 48 | (9) 85 | (1) 27 | (4) 80 | (1) 35 | (4) 79 | (1) 47 | (4) 60 |
| 2) 65 | (10) 46 | (2) 29 | (5) 38 | (2) 52 | (5) 38 | (2) 59 | (5) 87 |
| 3) 58 | (11) 36 | (3) 45 | (6) 66 | (3) 59 | (6) 68 | (3) 78 | (6) 55 |
| 4) 57 | (12) 29 | | (7) 39 | | (7) 47 | | (7) 75 |
| 5) 63 | (13) 74 | | | | | | |
| 6) 88 | (14) 49 | | | | | | |
| 7) 87 | (15) 49 | | | | | | |
| 8) 98 | (16) 95 | | | | | | |
| | (17) 64 | | | | | | |

| 9 | 10 | 11 | 12 | 13 | 14 | 15 | 16 |
|---|---|---|---|---|---|---|---|
| (1) 35 | (4) 56 | (1) 22 | (9) 37 | (1) 34 | (9) 48 | (1) 36 | (9) 49 |
| (2) 68 | (5) 36 | (2) 34 | (10) 66 | (2) 57 | (10) 68 | (2) 26 | (10) 57 |
| (3) 49 | (6) 89 | (3) 48 | (11) 45 | (3) 47 | (11) 76 | (3) 34 | (11) 38 |
| | (7) 78 | (4) 57 | (12) 79 | (4) 94 | (12) 39 | (4) 39 | (12) 65 |
| | | (5) 69 | (13) 99 | (5) 76 | (13) 93 | (5) 46 | (13) 97 |
| | | (6) 76 | (14) 56 | (6) 98 | (14) 59 | (6) 59 | (14) 76 |
| | | (7) 88 | (15) 29 | (7) 86 | (15) 67 | (7) 46 | (15) 83 |
| | | (8) 97 | (16) 88 | (8) 68 | (16) 88 | (8) 67 | (16) 59 |

| 17 | 18 | 19 | 20 | 21 | 22 | 23 | 24 |
|---|---|---|---|---|---|---|---|
| (1) 38 | (9) 54 | (1) 47 | (9) 47 | (1) 74 | (9) 68 | (1) 48 | (9) 70 |
| (2) 28 | (10) 98 | (2) 57 | (10) 98 | (2) 58 | (10) 77 | (2) 68 | (10) 65 |
| (3) 47 | (11) 77 | (3) 77 | (11) 77 | (3) 67 | (11) 99 | (3) 55 | (11) 93 |
| (4) 66 | (12) 39 | (4) 87 | (12) 88 | (4) 79 | (12) 67 | (4) 96 | (12) 59 |
| (5) 58 | (13) 99 | (5) 68 | (13) 55 | (5) 67 | (13) 87 | (5) 88 | (13) 85 |
| (6) 46 | (14) 76 | (6) 96 | (14) 95 | (6) 89 | (14) 58 | (6) 44 | (14) 57 |
| (7) 35 | (15) 88 | (7) 48 | (15) 68 | (7) 77 | (15) 86 | (7) 78 | (15) 78 |
| (8) 69 | (16) 58 | (8) 79 | (16) 58 | (8) 67 | (16) 56 | (8) 59 | (16) 68 |

| 25 | 26 | 27 | 28 | 29 | 30 | 31 | 32 |
|---|---|---|---|---|---|---|---|
| ) 66 | (9) 67 | (1) 65 | (9) 87 | (1) 75 | (9) 98 | (1) 76 | (9) 87 |
| ) 49 | (10) 46 | (2) 76 | (10) 69 | (2) 99 | (10) 79 | (2) 68 | (10) 77 |
| ) 89 | (11) 79 | (3) 68 | (11) 99 | (3) 89 | (11) 87 | (3) 97 | (11) 79 |
| ) 51 | (12) 65 | (4) 98 | (12) 73 | (4) 74 | (12) 97 | (4) 72 | (12) 98 |
| ) 66 | (13) 89 | (5) 89 | (13) 78 | (5) 89 | (13) 87 | (5) 89 | (13) 89 |
| ) 57 | (14) 69 | (6) 95 | (14) 86 | (6) 79 | (14) 97 | (6) 65 | (14) 98 |
| ) 52 | (15) 97 | (7) 87 | (15) 78 | (7) 99 | (15) 77 | (7) 89 | (15) 85 |
| ) 79 | (16) 84 | (8) 78 | (16) 88 | (8) 85 | (16) 88 | (8) 95 | (16) 73 |

| 33 | 34 | 35 | 36 | 37 | 38 | 39 | 40 |
|---|---|---|---|---|---|---|---|
| 63 | (9) 99 | (1) 89 | (9) 89 | (1) 96 | (9) 95 | (1) 86 | (9) 88 |
| 67 | (10) 76 | (2) 97 | (10) 99 | (2) 99 | (10) 99 | (2) 93 | (10) 81 |
| 88 | (11) 85 | (3) 89 | (11) 88 | (3) 97 | (11) 99 | (3) 85 | (11) 95 |
| 79 | (12) 67 | (4) 98 | (12) 87 | (4) 97 | (12) 98 | (4) 99 | (12) 96 |
| 94 | (13) 76 | (5) 96 | (13) 87 | (5) 96 | (13) 97 | (5) 98 | (13) 98 |
| 86 | (14) 96 | (6) 87 | (14) 94 | (6) 99 | (14) 98 | (6) 98 | (14) 96 |
| 76 | (15) 87 | (7) 98 | (15) 98 | (7) 94 | (15) 97 | (7) 92 | (15) 94 |
| 88 | (16) 78 | (8) 87 | (16) 98 | (8) 96 | (16) 98 | (8) 99 | (16) 99 |

| 1 | 2 | 3 | 4 | 5 | 6 | 7 | 8 |
|---|---|---|---|---|---|---|---|
| (1) 20 | (5) 50 | (1) 40 | (5) 50 | (1) 70 | (5) 70 | (1) 30 | (5) 80 |
| (2) 40 | (6) 30 | (2) 70 | (6) 80 | (2) 92 | (6) 84 | (2) 76 | (6) 83 |
| (3) 74 | (7) 68 | (3) 58 | (7) 96 | (3) 67 | (7) 99 | (3) 48 | (7) 88 |
| (4) 66 | (8) 96 | (4) 95 | (8) 79 | (4) 86 | (8) 86 | (4) 83 | (8) 97 |

| 9 | 10 | 11 | 12 | 13 | 14 | 15 | 16 |
|---|---|---|---|---|---|---|---|
| (1) 20 | (9) 78 | (1) 30 | (9) 69 | (1) 50 | (9) 68 | (1) 50 | (9) 39 |
| (2) 50 | (10) 67 | (2) 40 | (10) 58 | (2) 40 | (10) 87 | (2) 82 | (10) 44 |
| (3) 40 | (11) 36 | (3) 70 | (11) 69 | (3) 80 | (11) 59 | (3) 69 | (11) 78 |
| (4) 33 | (12) 59 | (4) 52 | (12) 75 | (4) 63 | (12) 73 | (4) 50 | (12) 39 |
| (5) 66 | (13) 47 | (5) 49 | (13) 87 | (5) 79 | (13) 77 | (5) 36 | (13) 87 |
| (6) 86 | (14) 95 | (6) 89 | (14) 78 | (6) 49 | (14) 49 | (6) 99 | (14) 96 |
| (7) 58 | (15) 81 | (7) 67 | (15) 95 | (7) 67 | (15) 86 | (7) 95 | (15) 46 |
| (8) 79 | (16) 24 | (8) 94 | (16) 59 | (8) 94 | (16) 97 | (8) 79 | (16) 78 |

| 17 | 18 | 19 | 20 | 21 | 22 | 23 | 24 |
|---|---|---|---|---|---|---|---|
| ) 60 | (9) 78 | (1) 50 | (9) 79 | (1) 70 | (9) 65 | (1) 80 | (9) 80 |
| ) 46 | (10) 85 | (2) 70 | (10) 69 | (2) 80 | (10) 74 | (2) 90 | (10) 89 |
| ) 60 | (11) 56 | (3) 99 | (11) 55 | (3) 93 | (11) 93 | (3) 79 | (11) 97 |
| ) 47 | (12) 59 | (4) 77 | (12) 77 | (4) 67 | (12) 77 | (4) 94 | (12) 95 |
| ) 99 | (13) 66 | (5) 64 | (13) 95 | (5) 88 | (13) 88 | (5) 97 | (13) 96 |
| ) 85 | (14) 98 | (6) 59 | (14) 88 | (6) 68 | (14) 66 | (6) 77 | (14) 96 |
| ) 57 | (15) 49 | (7) 85 | (15) 68 | (7) 79 | (15) 89 | (7) 84 | (15) 95 |
| ) 78 | (16) 77 | (8) 68 | (16) 86 | (8) 96 | (16) 96 | (8) 76 | (16) 93 |

| 25 | 26 | 27 | 28 | 29 | 30 | 31 | 32 |
|---|---|---|---|---|---|---|---|
| ) 90 | (9) 96 | (1) 33 | (9) 39 | (1) 86 | (9) 89 | (1) 44 | (9) 98 |
| ) 87 | (10) 89 | (2) 95 | (10) 87 | (2) 81 | (10) 88 | (2) 35 | (10) 55 |
| ) 84 | (11) 83 | (3) 78 | (11) 76 | (3) 77 | (11) 97 | (3) 88 | (11) 78 |
| ) 75 | (12) 98 | (4) 85 | (12) 43 | (4) 75 | (12) 94 | (4) 78 | (12) 98 |
| ) 74 | (13) 84 | (5) 85 | (13) 87 | (5) 86 | (13) 55 | (5) 83 | (13) 98 |
| ) 87 | (14) 98 | (6) 98 | (14) 79 | (6) 58 | (14) 76 | (6) 96 | (14) 78 |
| ) 85 | (15) 99 | (7) 89 | (15) 98 | (7) 88 | (15) 70 | (7) 98 | (15) 83 |
| ) 89 | (16) 97 | (8) 81 | (16) 99 | (8) 96 | (16) 98 | (8) 68 | (16) 77 |

## MC03

| 33 | 34 | 35 | 36 | 37 | 38 | 39 | 40 |
|---|---|---|---|---|---|---|---|
| (1) 30 | (7) 79 | (1) 74 | (7) 98 | (1) 46 | (7) 86 | (1) 68 | (7) 99 |
| (2) 56 | (8) 77 | (2) 66 | (8) 77 | (2) 96 | (8) 48 | (2) 69 | (8) 76 |
| (3) 46 | (9) 97 | (3) 99 | (9) 85 | (3) 3, 0 | (9) 1, 0 | (3) 2, 1 | (9) 1, 5 |
| (4) 2, 0 | (10) 95 | (4) 2, 0 | (10) 98 | (4) 3, 3 | (10) 1, 1 | (4) 1, 9 | (10) 1, 4 |
| (5) 3, 5 | (11) 2, 6 | (5) 1, 4 | (11) 1, 4 | (5) 1, 1 | (11) 1, 3 | (5) 2, 3 | (11) 2, |
| (6) 1, 4 | (12) 1, 2 | (6) 5, 1 | (12) 2, 6 | (6) 2, 4 | (12) 3, 4 | (6) 4, 5 | (12) 5, |
| | (13) 2, 2 | | (13) 4, 7 | | (13) 3, 4 | | (13) 4, |
| | (14) 1, 1 | | (14) 5, 2 | | (14) 2, 7 | | (14) 1, 6 |

## MC04

| 1 | 2 | 3 | 4 | 5 | 6 | 7 | 8 |
|---|---|---|---|---|---|---|---|
| (1) 95 | (9) 95 | (1) 29 | (9) 45 | (1) 28 | (9) 58 | (1) 96 | (9) 57 |
| (2) 85 | (10) 98 | (2) 47 | (10) 88 | (2) 75 | (10) 57 | (2) 37 | (10) 62 |
| (3) 96 | (11) 98 | (3) 74 | (11) 74 | (3) 87 | (11) 89 | (3) 88 | (11) 79 |
| (4) 88 | (12) 97 | (4) 68 | (12) 37 | (4) 69 | (12) 88 | (4) 88 | (12) 77 |
| (5) 98 | (13) 86 | (5) 57 | (13) 57 | (5) 67 | (13) 67 | (5) 75 | (13) 57 |
| (6) 98 | (14) 99 | (6) 44 | (14) 32 | (6) 68 | (14) 47 | (6) 92 | (14) 79 |
| (7) 97 | (15) 89 | (7) 53 | (15) 79 | (7) 97 | (15) 66 | (7) 39 | (15) 86 |
| (8) 99 | (16) 98 | (8) 65 | (16) 99 | (8) 87 | (16) 97 | (8) 59 | (16) 37 |

| 9 | 10 | 11 | 12 | 13 | 14 | 15 | 16 |
|---|---|---|---|---|---|---|---|
| ) 65 | (9) 58 | (1) 87 | (9) 98 | (1) 65 | (9) 97 | (1) 97 | (9) 87 |
| ) 48 | (10) 85 | (2) 66 | (10) 87 | (2) 87 | (10) 99 | (2) 89 | (10) 99 |
| ) 66 | (11) 97 | (3) 75 | (11) 97 | (3) 88 | (11) 87 | (3) 89 | (11) 77 |
| ) 49 | (12) 56 | (4) 86 | (12) 75 | (4) 98 | (12) 88 | (4) 78 | (12) 98 |
| ) 87 | (13) 85 | (5) 93 | (13) 79 | (5) 99 | (13) 89 | (5) 96 | (13) 97 |
| ) 99 | (14) 59 | (6) 98 | (14) 96 | (6) 96 | (14) 89 | (6) 98 | (14) 88 |
| ) 77 | (15) 58 | (7) 86 | (15) 88 | (7) 98 | (15) 97 | (7) 89 | (15) 79 |
| ) 79 | (16) 78 | (8) 94 | (16) 95 | (8) 89 | (16) 87 | (8) 79 | (16) 89 |

| 17 | 18 | 19 | 20 | 21 | 22 | 23 | 24 |
|---|---|---|---|---|---|---|---|
| ) 36 | (9) 67 | (1) 40 | (9) 85 | (1) 89 | (9) 99 | (1) 57 | (9) 88 |
| ) 55 | (10) 74 | (2) 36 | (10) 59 | (2) 98 | (10) 77 | (2) 79 | (10) 88 |
| ) 27 | (11) 97 | (3) 77 | (11) 97 | (3) 87 | (11) 77 | (3) 69 | (11) 68 |
| ) 50 | (12) 63 | (4) 65 | (12) 69 | (4) 98 | (12) 97 | (4) 96 | (12) 89 |
| ) 36 | (13) 85 | (5) 97 | (13) 73 | (5) 88 | (13) 97 | (5) 98 | (13) 67 |
| ) 79 | (14) 86 | (6) 72 | (14) 94 | (6) 88 | (14) 89 | (6) 78 | (14) 95 |
| ) 43 | (15) 96 | (7) 96 | (15) 56 | (7) 99 | (15) 89 | (7) 97 | (15) 86 |
| ) 68 | (16) 94 | (8) 99 | (16) 88 | (8) 96 | (16) 89 | (8) 78 | (16) 84 |

## MC04

| 25 | 26 | 27 | 28 | 29 | 30 | 31 | 32 |
|---|---|---|---|---|---|---|---|
| (1) 46 | (9) 78 | (1) 57 | (7) 28 | (1) 78 | (7) 59 | (1) 69 | (7) 80 |
| (2) 35 | (10) 65 | (2) 46 | (8) 63 | (2) 43 | (8) 64 | (2) 86 | (8) 77 |
| (3) 70 | (11) 95 | (3) 39 | (9) 47 | (3) 77 | (9) 66 | (3) 86 | (9) 86 |
| (4) 66 | (12) 88 | (4) 4, 1 | (10) 55 | (4) 4, 3 | (10) 57 | (4) 1, 6 | (10) 94 |
| (5) 48 | (13) 84 | (5) 3, 4 | (11) 1, 3 | (5) 1, 2 | (11) 2, 5 | (5) 3, 1 | (11) 2, |
| (6) 67 | (14) 97 | (6) 1, 2 | (12) 5, 0 | (6) 3, 0 | (12) 3, 2 | (6) 1, 4 | (12) 1, |
| (7) 68 | (15) 93 | | (13) 2, 5 | | (13) 2, 5 | | (13) 1, |
| (8) 92 | (16) 99 | | (14) 3, 1 | | (14) 1, 3 | | (14) 1, |

## MC04

| 33 | 34 | 35 | 36 | 37 | 38 | 39 | 40 |
|---|---|---|---|---|---|---|---|
| (1) 47 | (7) 63 | (1) 31 | (7) 58 | (1) 48 | (7) 57 | (1) 57 | (7) 75 |
| (2) 46 | (8) 76 | (2) 39 | (8) 77 | (2) 45 | (8) 83 | (2) 84 | (8) 49 |
| (3) 48 | (9) 77 | (3) 66 | (9) 85 | (3) 3, 2 | (9) 1, 4 | (3) 2, 4 | (9) 3, |
| (4) 3, 3 | (10) 88 | (4) 2, 1 | (10) 89 | (4) 4, 3 | (10) 3, 5 | (4) 2, 4 | (10) 5, |
| (5) 2, 5 | (11) 2, 2 | (5) 3, 4 | (11) 1, 2 | (5) 2, 1 | (11) 1, 2 | (5) 1, 7 | (11) 6, |
| (6) 1, 6 | (12) 2, 4 | (6) 1, 3 | (12) 2, 3 | (6) 1, 4 | (12) 1, 3 | (6) 2, 1 | (12) 2, |
| | (13) 1, 3 | | (13) 2, 6 | | (13) 3, 1 | | (13) 3, |
| | (14) 1, 5 | | (14) 1, 7 | | (14) 1, 2 | | (14) 2, |

| 1 | 2 | 3 | 4 |
|---|---|---|---|
| ) 27 | **(9)** 39 | **(1)** 37 | **(9)** 45 |
| ) 55 | **(10)** 56 | **(2)** 49 | **(10)** 79 |
| ) 49 | **(11)** 68 | **(3)** 64 | **(11)** 46 |
| ) 57 | **(12)** 49 | **(4)** 86 | **(12)** 94 |
| ) 76 | **(13)** 75 | **(5)** 59 | **(13)** 87 |
| ) 64 | **(14)** 65 | **(6)** 68 | **(14)** 69 |
| ) 74 | **(15)** 86 | **(7)** 98 | **(15)** 84 |
| ) 87 | **(16)** 89 | **(8)** 56 | **(16)** 78 |

| 5 | 6 | 7 | 8 |
|---|---|---|---|
| ) 49 | **(9)** 29 | **(1)** 58 | **(9)** 58 |
| ) 36 | **(10)** 46 | **(2)** 29 | **(10)** 98 |
| ) 75 | **(11)** 76 | **(3)** 59 | **(11)** 49 |
| ) 59 | **(12)** 67 | **(4)** 67 | **(12)** 69 |
| ) 87 | **(13)** 64 | **(5)** 57 | **(13)** 77 |
| ) 78 | **(14)** 88 | **(6)** 39 | **(14)** 58 |
| ) 58 | **(15)** 69 | **(7)** 77 | **(15)** 78 |
| ) 89 | **(16)** 99 | **(8)** 87 | **(16)** 98 |

| 9 | 10 | 11 | 12 |
|---|---|---|---|
| (1) 37 | (9) 38 | (1) | (5) |
| (2) 55 | (10) 47 | | |
| (3) 49 | (11) 89 | | |
| (4) 65 | (12) 57 | (2) | (6) |
| (5) 49 | (13) 77 | | |
| (6) 78 | (14) 69 | (3) | (7) |
| (7) 66 | (15) 86 | | |
| (8) 97 | (16) 96 | (4) | (8) |

**11 (1)**

| + | | |
|---|---|---|
| 16 | 12 | 28 |
| 30 | 27 | 57 |
| 46 | 39 | |

**11 (2)**

| + | | |
|---|---|---|
| 23 | 46 | 69 |
| 25 | 32 | 57 |
| 48 | 78 | |

**11 (3)**

| + | | |
|---|---|---|
| 42 | 34 | 76 |
| 13 | 35 | 48 |
| 55 | 69 | |

**11 (4)**

| + | | |
|---|---|---|
| 35 | 42 | 77 |
| 23 | 14 | 37 |
| 58 | 56 | |

**12 (5)**

| + | | |
|---|---|---|
| 45 | 53 | 98 |
| 32 | 36 | 68 |
| 77 | 89 | |

**12 (6)**

| + | | |
|---|---|---|
| 36 | 42 | 78 |
| 21 | 47 | 68 |
| 57 | 89 | |

**12 (7)**

| + | | |
|---|---|---|
| 64 | 24 | 88 |
| 35 | 53 | 88 |
| 99 | 77 | |

**12 (8)**

| + | | |
|---|---|---|
| 17 | 81 | 98 |
| 72 | 14 | 86 |
| 89 | 95 | |

| 13 | 14 | 15 | 16 |
|---|---|---|---|
| (1) 42장 | (4) 28자루 | (1) 38장 | (4) 68개 |
| (2) 65권 | (5) 64장 | (2) 39개 | (5) 57명 |
| (3) 27명 | (6) 47명 | (3) 65쪽 | (6) 86개 |